U0828384

GAOXIAO ZHUANLI QINGKUANG
FENXI YANJIU BAOGAO

2021

高校专利情况分析研究报告

金银雪　庞弘燊　魏兴华　著

科学技术文献出版社
SCIENTIFIC AND TECHNICAL DOCUMENTATION PRESS
·北京·

图书在版编目（CIP）数据

高校专利情况分析研究报告. 2021 / 金银雪，庞弘燊，魏兴华著. —北京：科学技术文献出版社，2023. 3
ISBN 978-7-5235-0074-3

Ⅰ. ①高… Ⅱ. ①金… ②庞… ③魏… Ⅲ. ① 高等学校—专利技术—研究报告—中国—2021 Ⅳ. ① G306.72

中国国家版本馆 CIP 数据核字（2023）第 038273 号

高校专利情况分析研究报告（2021）

策划编辑：郝迎聪 刘文文 责任编辑：王 培 责任校对：王瑞瑞 责任出版：张志平

出 版 者 科学技术文献出版社
地 址 北京市复兴路15号 邮编 100038
编 务 部 （010）58882938，58882087（传真）
发 行 部 （010）58882868，58882870（传真）
邮 购 部 （010）58882873
官方网址 www.stdp.com.cn
发 行 者 科学技术文献出版社发行 全国各地新华书店经销
印 刷 者 北京时尚印佳彩色印刷有限公司
版 次 2023 年 3 月第 1 版 2023 年 3 月第 1 次印刷
开 本 710 × 1000 1/16
字 数 88千
印 张 6.25
书 号 ISBN 978-7-5235-0074-3
定 价 65.00元

前 言

当前，全球新一轮科技革命和产业变革蓄势待发，我国经济发展方式加快转变，创新引领发展的趋势更加明显，知识产权制度激励创新的基本保障作用更加突出。高校是国家科技创新的重要战略力量和高地，其科技成果的转移转化是国家实施创新驱动发展战略的重要保障，需要高质量的专利信息服务来支撑其技术创新与成果转化。高校图书馆对专利信息服务的内容和模式正在进行积极探索，大数据为专利信息服务提供了新的机遇与挑战。深圳大学知识产权信息服务中心（图书馆）作为国家知识产权局及教育部联合授予的“高校国家知识产权信息服务中心”，已搭建起高校知识产权大数据平台，基于大数据平台开展各类高校专利信息服务并取得了一定的成效。本书依托深圳大学知识产权信息服务中心（图书馆）的专利信息服务基础和专利信息分析研究的积累，利用 incoPat 等专利数据库对高校的专利数据进行分析和可视化展示，分析方法及分析数据对于高校专利信息服务机构加强对大数据的认识、改进知识产权信息服务模式和丰富服务内容具有促进作用和参考价值。

在信息技术快速发展的背景下，通过对高校的知识产权数据进行监测分析，可以提升高校专利信息服务的质量。专利水平是衡量高校发展水平和发展潜力的重要指标，基于事实数据的专利分析可以帮助我们有效了解高校当前的专利现状，了解相关领域技术发展态势，有利于高校明晰定位、调整学科布局，利用信息提高创新的起点，提高科研效率和质量。应用大数据技术对专利的技术构成及产业分类信息进行挖掘，预测技术发展趋势，促进高校科技成果转化，服务地方经济。

本书以高校的专利公开数据为研究对象，从深圳市高校、粤港澳大湾区高校、中国高校、北上广深高校几个维度进行分析研究，介绍了不同城市高校的专利公开情况，具体采用趋势分析法、主题分析法、聚类分析法、指数分析法、比较分析法等，对高校的专利公开量、不同类型专利、主要申请人、IPC 技术构成、授权专利维持有效量、PCT申请法律状态等指标参数进行分析，发现我国高校专利保持了稳定的增长趋势，从战略性新兴产业分类来看，中国高校专利申请主要集中在新一代信息技术产业、新材料产业、生物产业、高端装备制造产业和节能环保产业五大领域，我国高校专利成果转化以专利转让为主，专利许可数量相对较少。

本书为国家社会科学基金一般项目（编号：19BTQ074，题目：基于论文—专利交叉共现分析技术的基础—应用产业创新演化路径分析方法研究）的研究成果之一。

作者

2022年10月于深圳

目 录

1

高校专利分析白皮书
——基于深圳市高校专利分析视角

随着创新型国家建设和知识产权强国战略的推进，高校知识产权工作正面临高质量发展的新形势和新挑战，而知识产权信息服务是高校知识产权高质量发展的重要支撑。

根据 2020 年 2740 所普通高校名录数据显示，其含本科院校 1272 所、高职（专科）院校 1468 所，其中北上广高校数量分别为 92 所、63 所、82 所。该名录未包含港澳台地区的高等学校。深圳市高校包括部分高校在深圳市设立的分校或研究生院，因此本书对于深圳市高校数量的统计为在数据库中实际检索到的申请人地址为深圳的高校（包括设立的分校及研究生院）的数量[①]。

《高校专利分析白皮书——基于深圳市高校专利分析视角》（以下简称《白皮书》）基于深圳市、中国（北上广深）和粤港澳大湾区高校 2002—2021 年的专利数据，使用 incoPat 等专利数据库，通过趋势分析法、主题分析法、聚类分析法、比较分析法，基于专利申请 / 公开量、专利转化情况、专利技术布局、PCT 申请等分析视角，从深圳市高校、北上广深高校、粤港澳大湾区城市高校、四大国际湾区高校维度进行分析。希望通过分析，得出我国主要城市高校专利申请趋势、专利技术领域分布，以及我国（粤港澳大湾区）高校相比于国际湾区高校存在的问题，以期为我国高校的专利布局提供参考。

通过《白皮书》的分析，深圳市高校的专利技术创新能力不断提高，校均专利申请量在国内处于领先水平。深圳市高校专利申请主要集中在新一代信息技术

① 数据检索分析时间为 2022 年 3 月 1—30 日；检索数据库为 incoPat 专利数据库等。数据说明：因数据库中专利申请延迟公开和收录，导致 2020 年和 2021 年的数据更新不及时，可能检索不全。

产业、新材料产业、生物产业三大领域，其中，新一代信息技术产业领域的专利申请增长最为迅速，其次是新材料产业领域。深圳大学作为深圳市创办最早的地方高校，每年保持强劲的专利申请势头，特别是 2015 年以后专利申请量和授权量均出现急速增长，申请量由 2015 年的 522 件增长至 2019 年的 1649 件，授权量由 2015 年的 200 件增长至 2021 年的 1043 件。南方科技大学自创校以来，专利申请量一直在攀升，2012 年仅有 1 件专利申请，至 2018 年专利申请量已达 599 件，在深圳市高校中排名第二。深圳地区其他高校的专利申请量也保持稳定增长。同时，《白皮书》梳理了深圳市高校首件专利时间轴，深圳市高校当中首件发明申请专利、首件实用新型专利及首件美国专利和首件 EPO 专利均由深圳大学申请（图 1–0–1）。

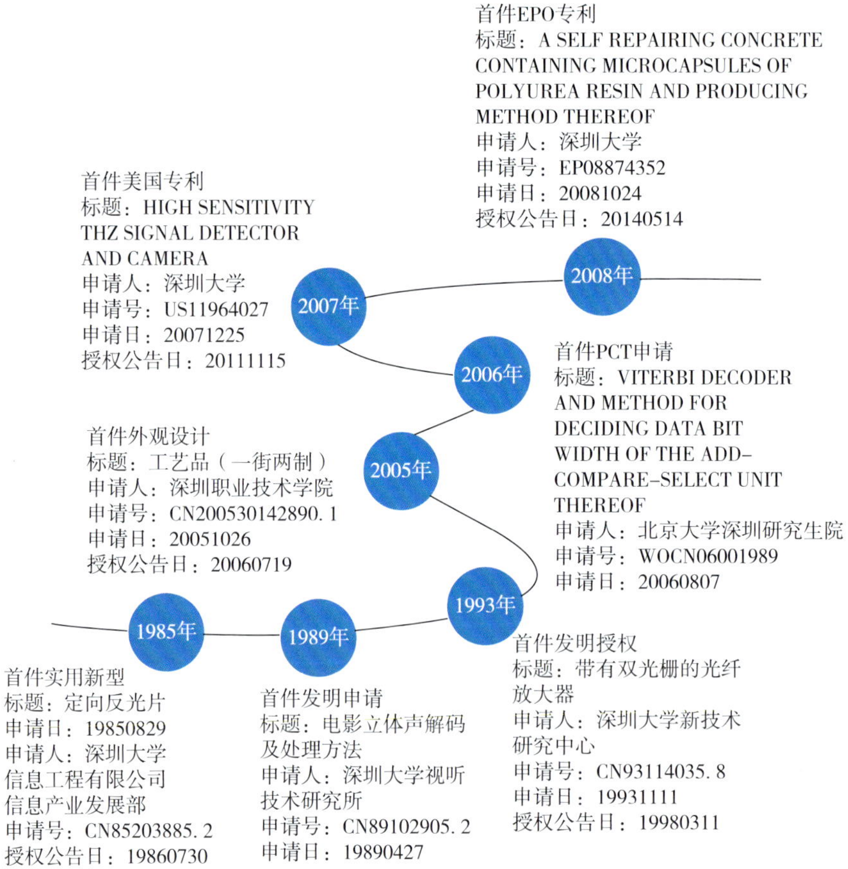

图 1–0–1　深圳市高校首件专利申请时间轴

1.1 深圳市高校专利情况分析

1.1.1 深圳市高校专利申请 / 授权趋势

自 1983 年深圳大学创办以来，深圳市目前已成立 11 所高校（包括高校设在深圳市的分校或研究生院），仅深圳大学和深圳职业技术学院 2 所高校在 2002 年以前有专利申请，截至 2021 年，申请专利的高校数量增加至 10 所（表 1-1-1）。随着国家对于知识产权保护的重视，以及深圳地区高校的不断建设和科研水平的不断提高，深圳高等教育事业与专利申请保护同步迅速增长，深圳市高校的专利申请和授权数量逐年增加，特别是自 2014 年以后专利申请及授权数量迅速增长（图 1-1-1）。

表 1-1-1　深圳市高校成立年份及首件专利申请 / 公开年份

高校	成立年份	首件专利申请 / 公开年份
深圳大学	1983	1985/1986
深圳职业技术学院	1993	2000/2003
北京大学深圳研究生院	2001	2005/2008
清华大学深圳国际研究生院	2001	2003/2008
深圳信息职业技术学院	2002	2005/2009
哈尔滨工业大学（深圳）	2002	2005/2007
南方科技大学	2010	2012/2013
香港中文大学（深圳）	2014	2016/2016
中山大学（深圳）	2015	2019/2020
深圳北理莫斯科大学	2016	尚无专利申请 / 公开数据
深圳技术大学	2017	2017/2019

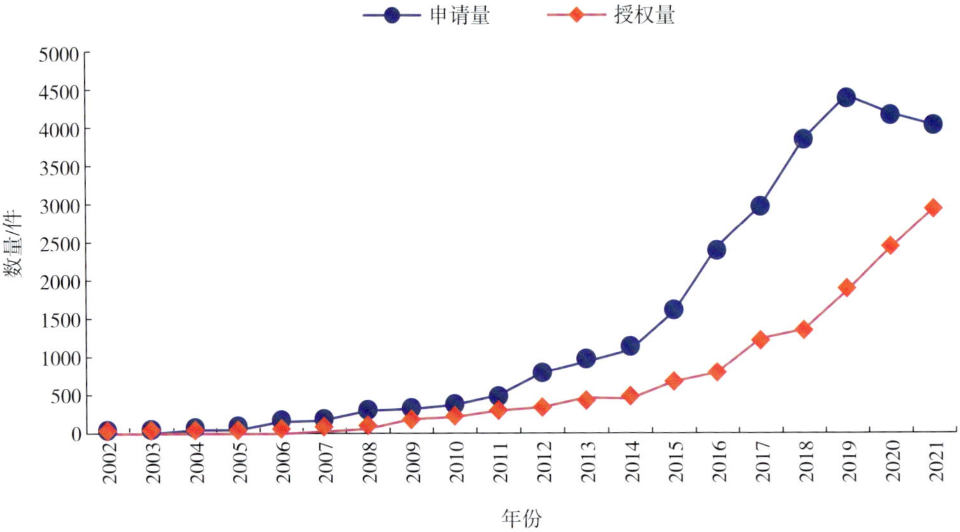

图 1-1-1　深圳市高校专利申请及授权趋势（2002—2021 年）

注：申请量 = 发明专利申请量 + 实用新型专利申请量 + 外观设计专利申请量，授权量 = 发明专利授权量 + 实用新型专利授权量 + 外观设计专利授权量。

1.1.2　深圳市高校专利申请趋势

深圳市各高校的专利申请量都保持稳定的增长。其中，深圳大学每年保持强劲的专利申请势头，特别是 2015 年以后专利申请量和授权量均出现直线式急剧拉升。南方科技大学自创校以来，专利申请量一直在攀升，2018 年以后专利申请量已经在深圳市高校中排名第二。其他深圳地区高校的专利申请量保持稳定增长，其中深圳技术大学因建校时间较晚，尚未有显著数量的专利申请，但其专利申请量的增长较为迅速（图 1-1-2）。

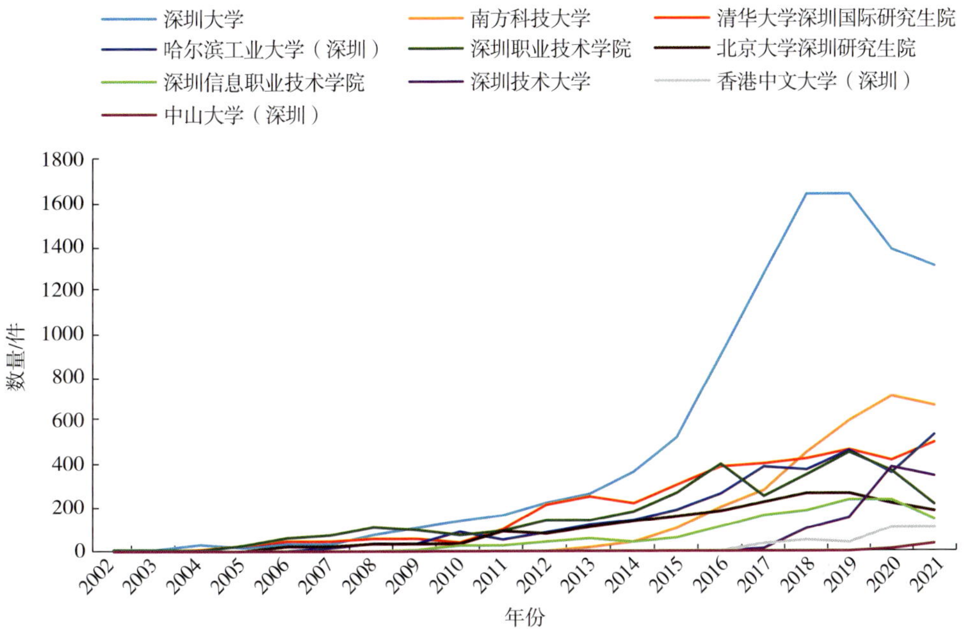

图 1-1-2　深圳市各高校专利申请趋势（2002—2021 年）

1.1.3　深圳市高校专利技术布局趋势

随着相关政策的支持和产业升级，以及高校相关重点学科的发展，深圳市高校近 20 年在各技术领域的专利申请数量不断增加，专利申请的技术分布主要集中在以下领域：G01N（借助于测定材料的化学或物理性质来测试或分析材料）、G06F（电数字数据处理）、G06K（数据识别；数据表示；记录载体；记录载体的处理）、G06T（一般的图像数据处理或产生）、G06N（基于特定计算模型的计算机系统）、H04L（数字信息的传输）、H01L（半导体器件）、A61B（诊断；外科；鉴定）、A61K（医用、牙科用或梳妆用的配制品）、H01M（用于直接转变化学能为电能的方法或装置）。从布局趋势来看，2016 年以后各主要技术领域的专利申请都显著增长，其中 G06N（基于特定计算模型的计算机系统）技术领域的专利出现较晚，但近两年的专利申请数量急剧增加，已经在技术构成分布中排名第一，这说明深圳市高校目前比较重视在该技术领域的基础研究和专利保护（图 1-1-3）。

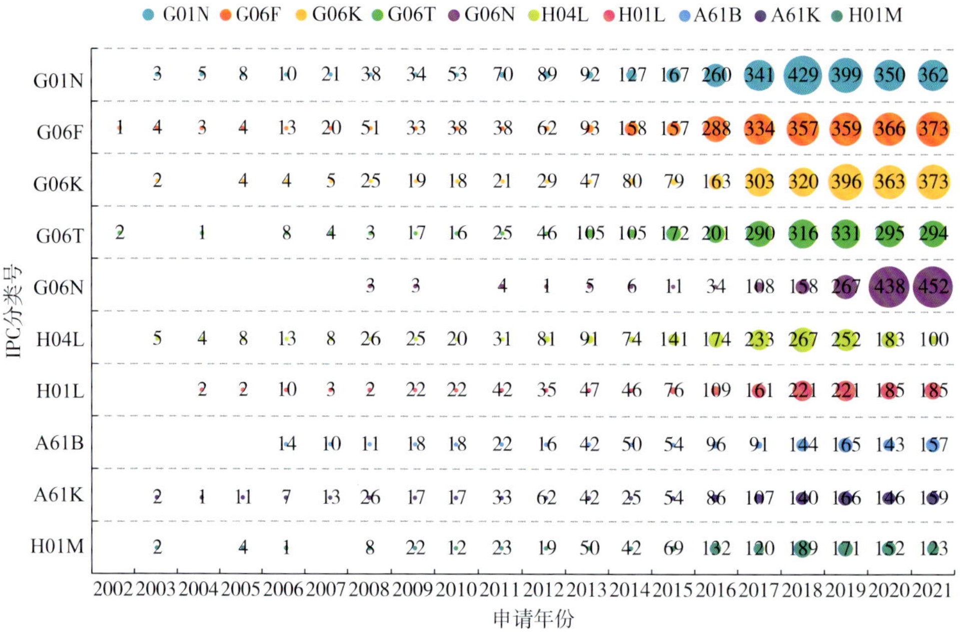

图 1-1-3　深圳市高校专利技术布局趋势（2002—2021 年）

（资料来源：incoPat 专利数据库）

从新兴产业分布来看，深圳市高校近 20 年专利申请主要集中在新一代信息技术产业、新材料产业、生物产业三大领域，占全部申请专利的 64%。从新兴产业趋势来看，深圳市高校在新一代信息技术产业领域的专利申请增长最为迅速，其次是新材料产业（图 1-1-4、图 1-1-5）。

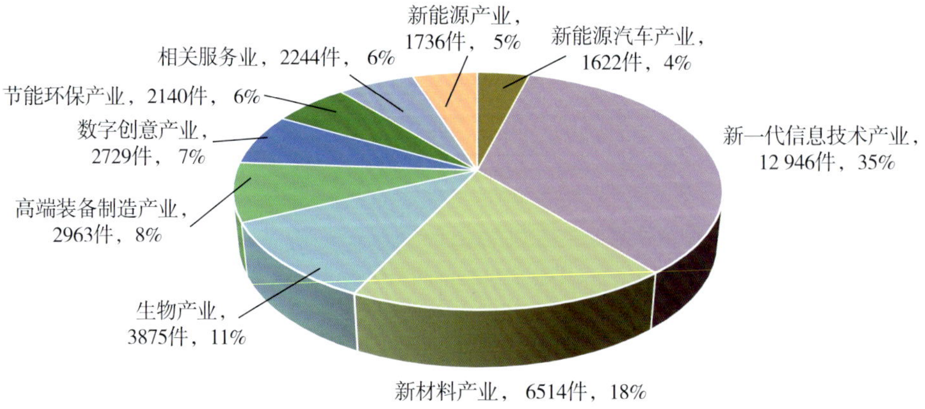

图 1-1-4　深圳市高校专利申请新兴产业分布（2002—2021 年）

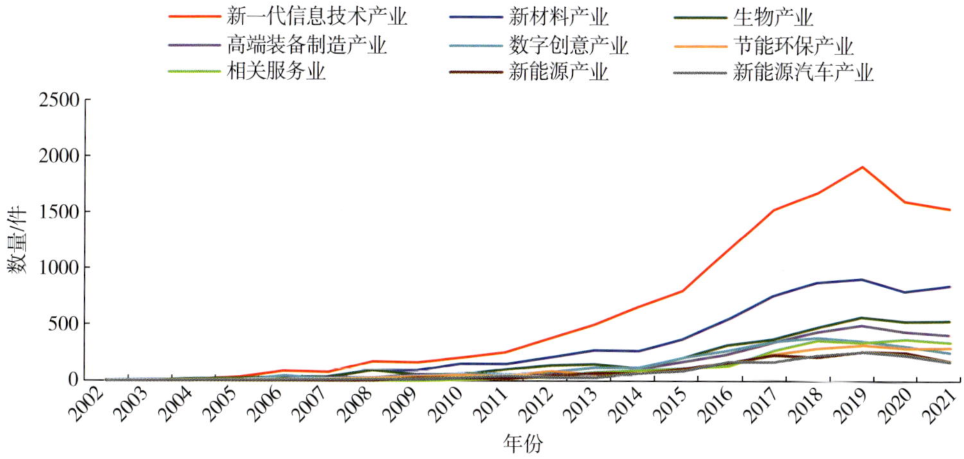

图 1-1-5　深圳市高校专利申请新兴产业趋势（2002—2021 年）

1.1.4　深圳市高校专利转化趋势

随着国家政策层面对于高校成果转化的支持及高校本身对于成果转化的重视，深圳市高校近 20 年专利的转让及许可数量逐年递增，但从整体上来看，深圳市高校专利成果的转化仍以专利转让为主。在深圳市的高校中，深圳大学、清华大学深圳国际研究生院、南方科技大学的专利转让数量保持了稳定的增长，其他高校均有所波动。深圳市高校的专利许可数量一直保持较低水平，但在 2021 年激增，主要是南方科技大学在 2021 年有 87 件专利发生了许可（图 1-1-6、图 1-1-7、表 1-1-2、表 1-1-3）。

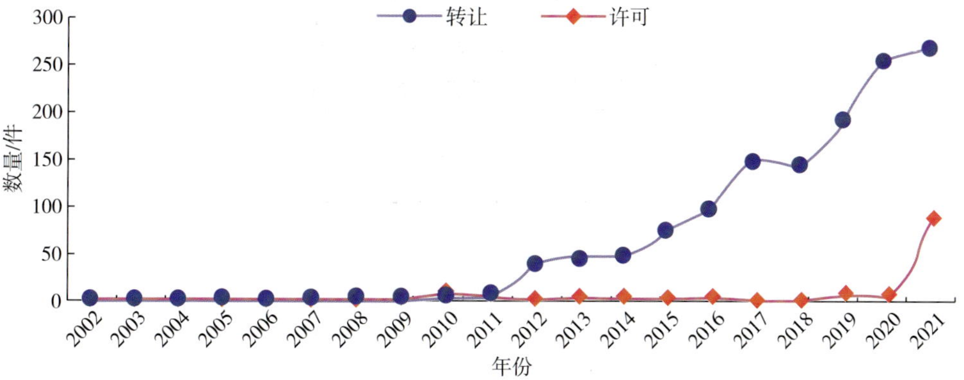

图 1-1-6　深圳市高校专利转让及许可整体趋势（2002—2021 年）

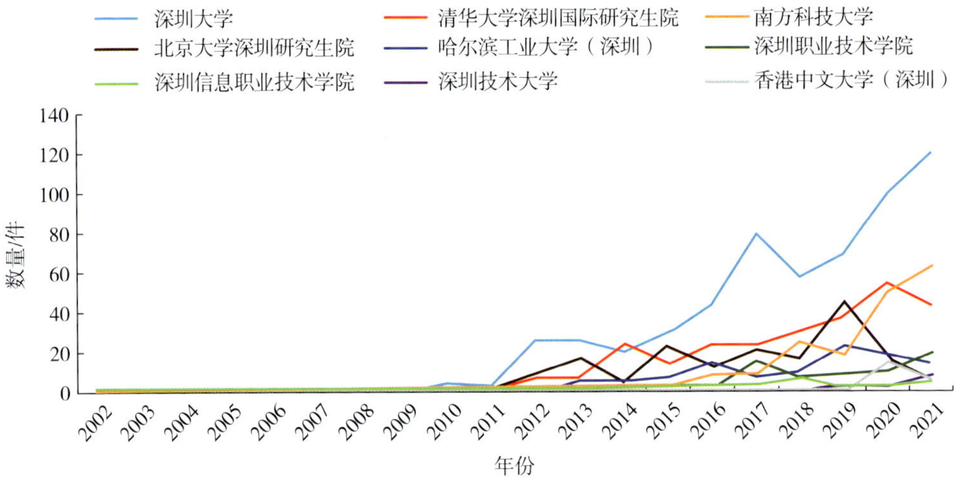

图 1-1-7　深圳市各高校专利转让趋势（2002—2021 年）

表 1-1-2　深圳市高校首件专利转让信息

标题	公开号	变更前权利人	变更后权利人	登记生效日
一种 SEBS 热塑性弹性体地板及其制造方法	CN101096440B	深圳职业技术学院	深圳市盛嘉伦橡塑工业有限公司	2007 年 11 月 16 日

表 1-1-3　深圳市高校首件专利许可信息

标题	公开号	让与人	受让人	备案日期
铜线的高能连续电脉冲在线退火方法及装置	CN1300347C	清华大学深圳研究生院	天津精达里亚特种漆包线有限公司	2009 年 7 月 22 日

1.1.5　2021 年深圳市高校专利情况

2021 年，深圳市高校专利公开量共 6998 件，包括中国专利 6533 件，中国港澳台专利 4 件，国外专利 188 件，PCT 申请 273 件。中国专利包括发明申请专利 3638 件，发明授权专利 1735 件，实用新型专利 983 件，外观设计专利 177 件（图 1-1-8、图 1-1-9）。

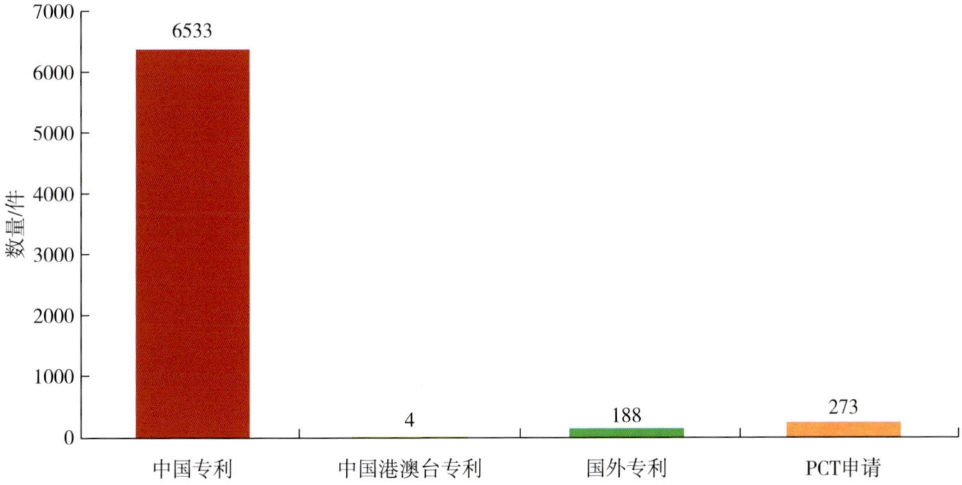

图 1-1-8　2021 年深圳市高校专利公开量数据

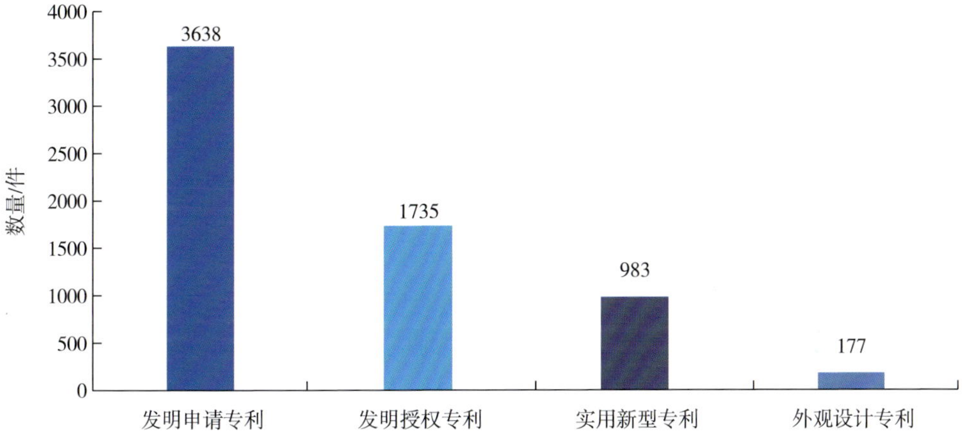

图 1-1-9　2021 年深圳市高校中国专利公开量数据

2021 年，深圳市高校专利的主要申请人包括深圳大学、南方科技大学、哈尔滨工业大学（深圳）、清华大学深圳国际研究生院、深圳技术大学、深圳职业技术学院、北京大学深圳研究生院、深圳信息职业技术学院、香港中文大学（深圳）、中山大学（深圳），图 1-1-10 列出了各高校的中国专利、中国港澳台专利、国外专利及 PCT 申请的公开量数据。

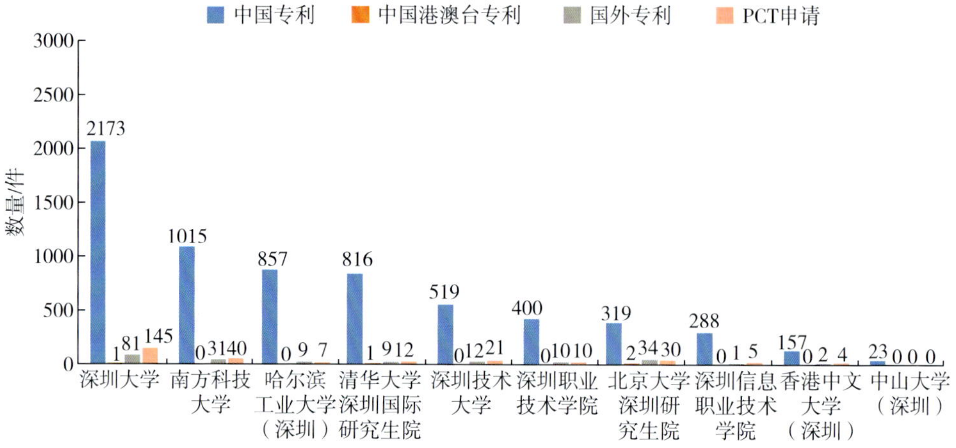

图 1-1-10　2021 年深圳市高校专利公开量数据

深圳市高校 2021 年转让和许可的专利数量分别为 249 和 89 件，各高校专利转让及许可数据如图 1-1-11 所示，其中深圳大学有 109 件专利发生转让，南方科技大学转让及许可的专利数量分别为 57 件和 87 件。

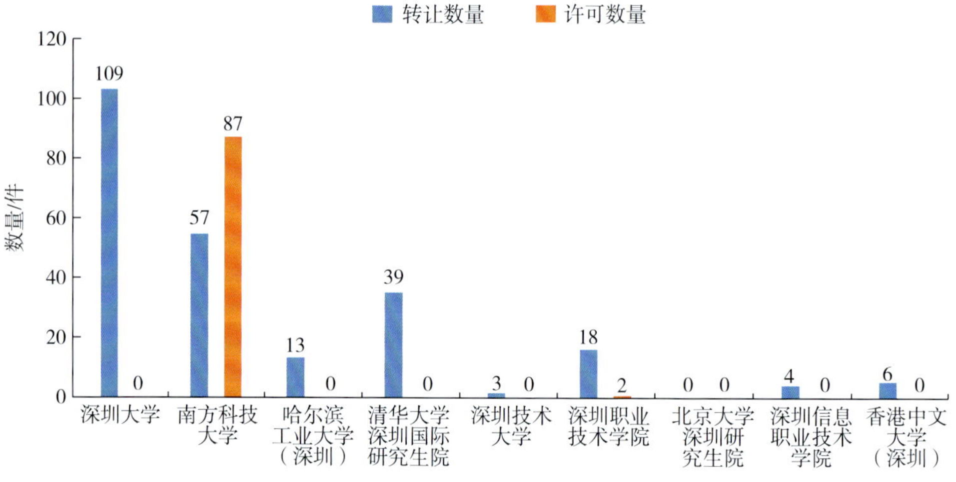

图 1-1-11　2021 年深圳市高校专利转让及许可数据

对深圳市高校 2021 年发生转让、许可的专利所属新兴产业构成进行分析，转让的专利主要涉及新一代信息技术产业、新材料产业、高端装备制造产业、生物产业和相关服务业，许可的专利主要涉及新一代信息技术产业、相关服务业、高端装备制造产业、新材料产业和新能源产业（图 1-1-12、图 1-1-13）。

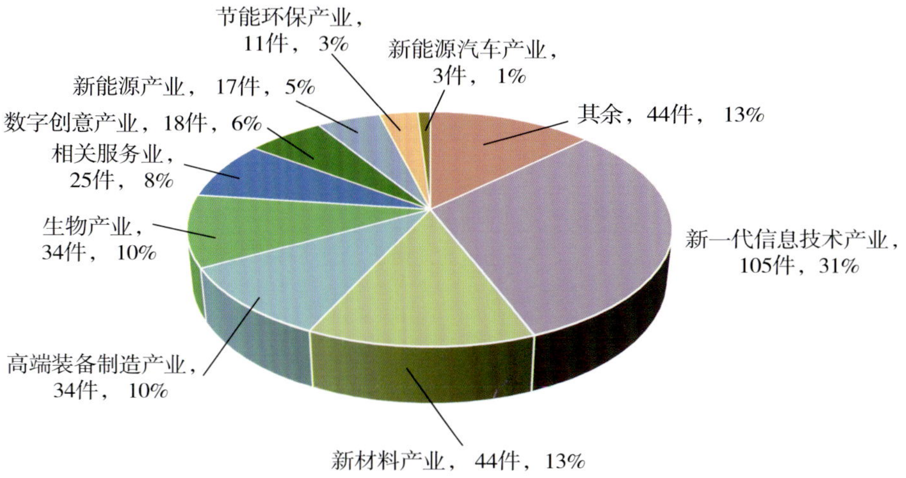

图 1-1-12　2021 年深圳市高校转让专利的新兴产业分布情况

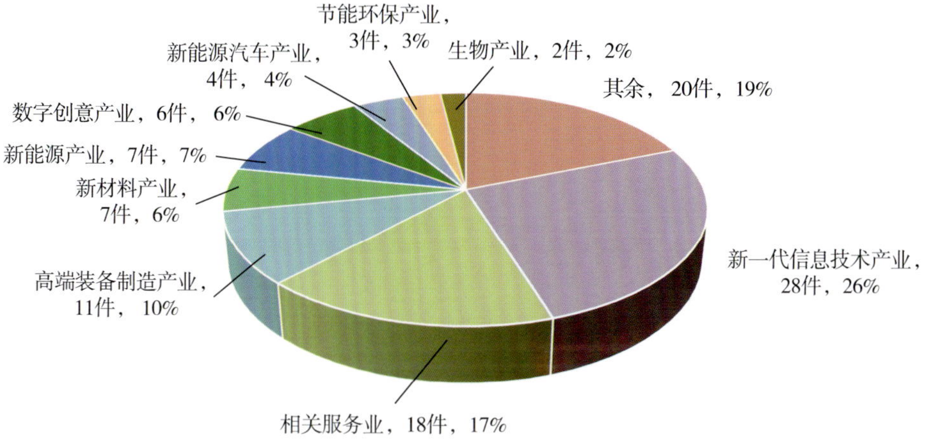

图 1-1-13　2021 年深圳市高校许可专利的新兴产业分布情况

1.2　粤港澳大湾区高校专利情况分析

粤港澳大湾区城市高校的专利申请量逐渐增长，尤其在 2014 年以后增长迅速，由于广州市高校数量众多，其专利申请量占大湾区高校的大部分，其次是深圳、佛山、东莞和江门的高校，其他城市高校专利申请体量相对较小（表 1-2-1、图 1-2-1）。

表 1-2-1　粤港澳大湾区城市高校数量

单位：所

城市	广州	深圳	佛山	东莞	江门	中山	惠州	珠海	肇庆	香港	澳门
高校数量	82	10	6	7	5	3	5	6	5	7	4

注：深圳市高校包括部分高校在深圳市设立的分校或研究生院，因此深圳市高校数量为在数据库中实际检索到的高校数量；香港和澳门的高校未在教育部高校名录中列出，只给出实际检索的数据；其他城市的高校数量为教育部 2020 年度全国普通高等学校名单所录高校数量。

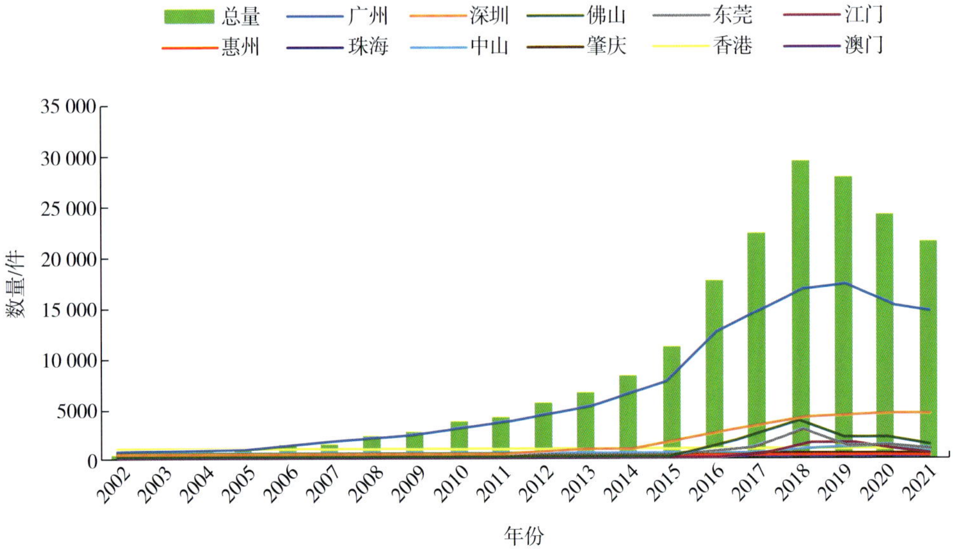

图 1-2-1　粤港澳大湾区各城市高校专利申请趋势（2002—2021 年）

粤港澳大湾区高校近 20 年专利申请的技术分布主要集中在以下领域：G01N（借助于测定材料的化学或物理性质来测试或分析材料）、G06F（电数字数据处理）、A61K（医用、牙科用或梳妆用的配制品）、G06K（数据识别；数据表示；记录载体；记录载体的处理）、A61P（化合物或药物制剂的特定治疗活性）、G06N（基于特定计算模型的计算机系统）、G06T（一般的图像数据处理或产生）、C12N（微生物或酶；其组合物；繁殖、保藏或维持微生物；变异或遗传工程；培养基）、H01L（半导体器件）、H04L（数字信息的传输）。从布局趋势来看，大湾区高校近两年在 G06K、G06N 技术领域的专利申请量增长较为明显，在 H01L 和 H04L 技术领域的专利申请量有所下降（图 1-2-2）。

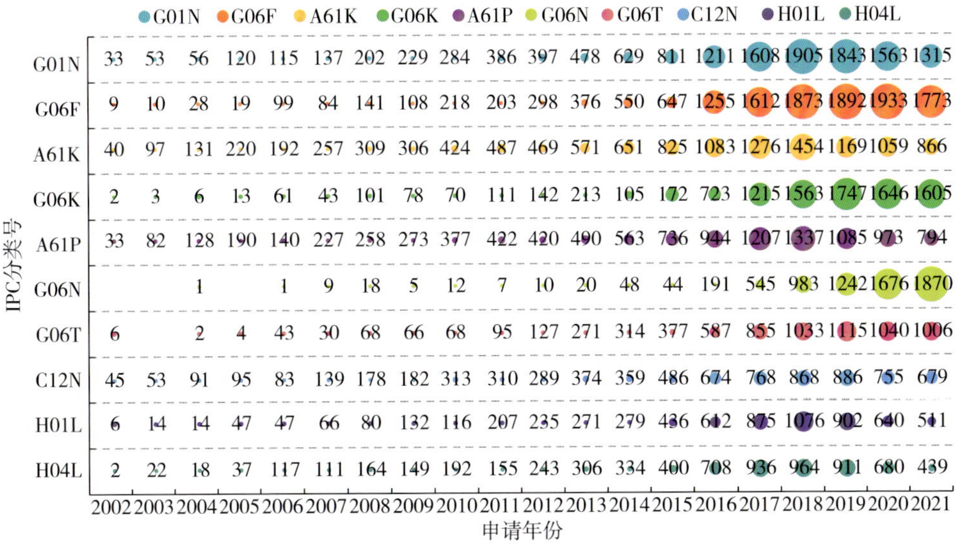

图 1-2-2 粤港澳大湾区高校专利申请技术布局趋势（2002—2021 年）

（资料来源：incoPat 专利数据库）

从新兴产业分布来看，粤港澳大湾区高校近 20 年的专利申请主要集中在新一代信息技术产业、新材料产业、生物产业三大领域。在新一代信息技术产业领域的专利申请增长速度位居第一，接下来是新材料产业领域，生物产业领域次之（图 1-2-3、图 1-2-4）。

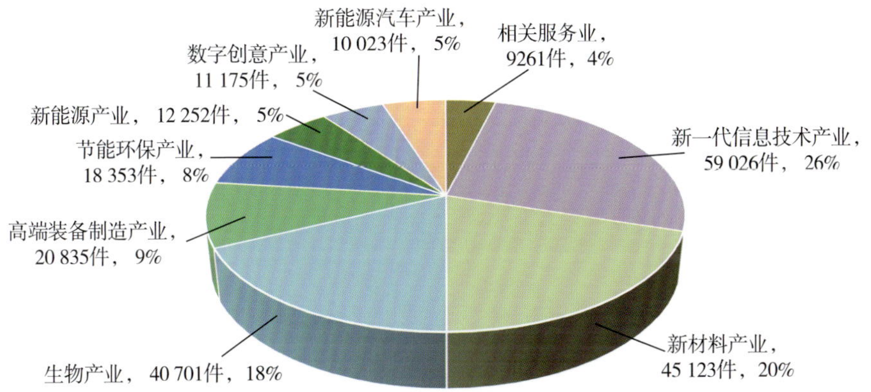

图 1-2-3 粤港澳大湾区高校专利申请新兴产业分布（2002—2021 年）

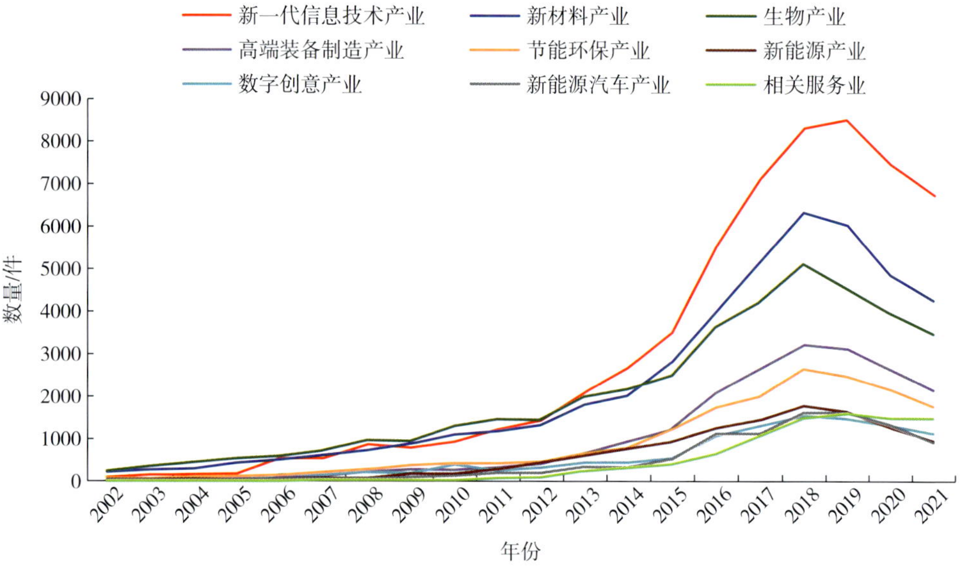

图 1-2-4 粤港澳大湾区高校新兴产业专利申请趋势（2002—2021 年）

粤港澳大湾区高校发生专利权转移的专利数量保持稳定增长，专利许可数量相对较少，在 2007—2009 年快速增长后陆续震荡下跌，在 2021 年专利的许可数量又显著增加（图 1-2-5）。

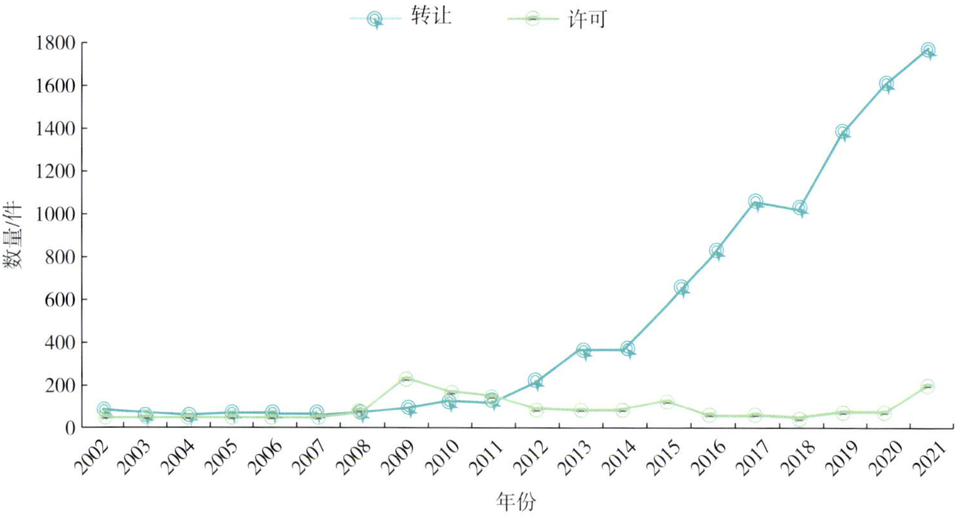

图 1-2-5 粤港澳大湾区高校专利转让及许可趋势（2002—2021 年）

1.3 中国高校专利情况分析 ①

1.3.1 中国高校近 20 年专利申请 / 授权趋势

整体上看，中国高校的中国专利申请量和授权量不断增长（图 1-3-1、图 1-3-2）。

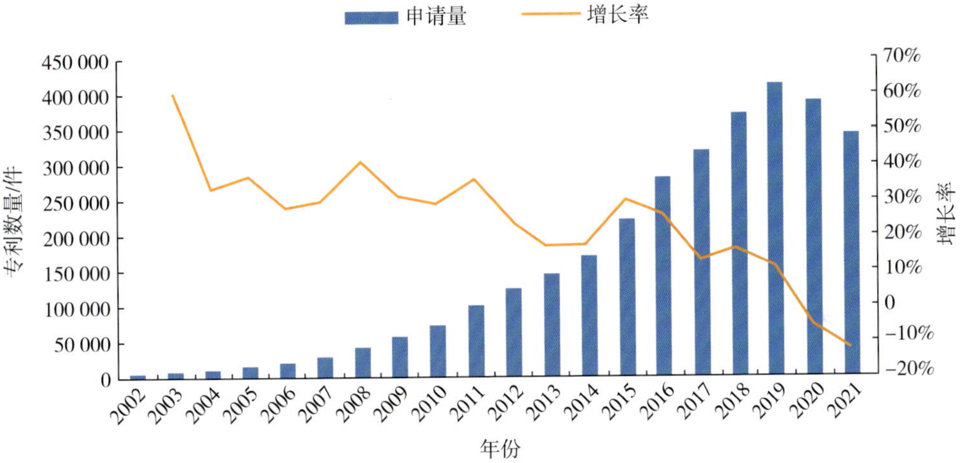

图 1-3-1 中国高校中国专利申请趋势（2002—2021 年）

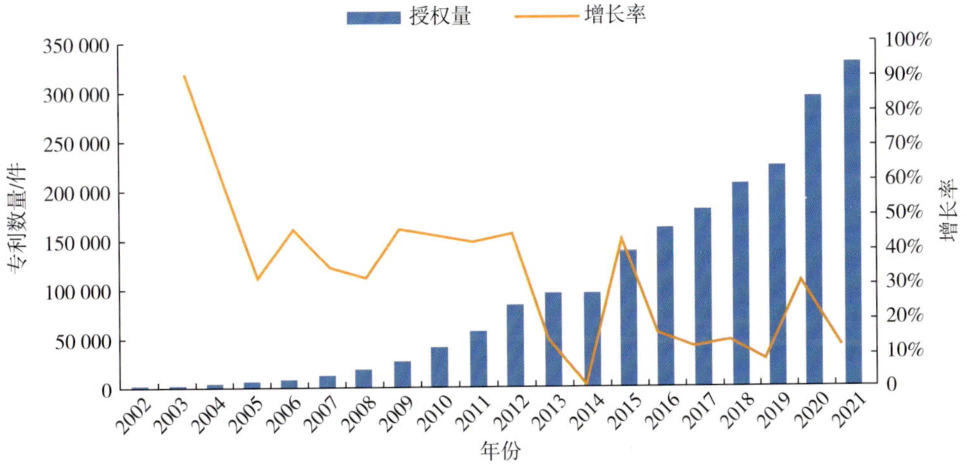

图 1-3-2 中国高校中国专利授权趋势（2002—2021 年）

① 中国高校专利数据仅统计中国（CN）专利。

1.3.2　中国高校近 20 年专利转让 / 许可趋势

整体上来看，中国高校专利成果转化以专利转让为主。中国高校发生专利权转移的专利数量保持稳定的增长，尤其 2016 年以后增长迅速。发生许可的专利代表了更高质量的专利，说明专利存在实际的市场应用性。从许可趋势来看，中国专利许可数量经历了 3 个阶段，2007—2009 年专利许可数量爆发式增长，由 2 件增长到 2947 件，2009—2017 年专利许可数量有所下降，2017 年以后又迎来了快速增长，这与我国近几年支持科技成果转化的举措密不可分。例如，2016 年 4 月，国务院办公厅印发了《促进科技成果转移转化行动方案》。2018 年 12 月，广东省人民政府印发了《关于进一步促进科技创新的若干政策措施》。2020 年 2 月，教育部、国家知识产权局、科技部发布了《关于提升高等学校专利质量促进转化运用的若干意见》。这些科技成果转化政策的出台推动了高校专利成果的许可实施（图 1–3–3）。

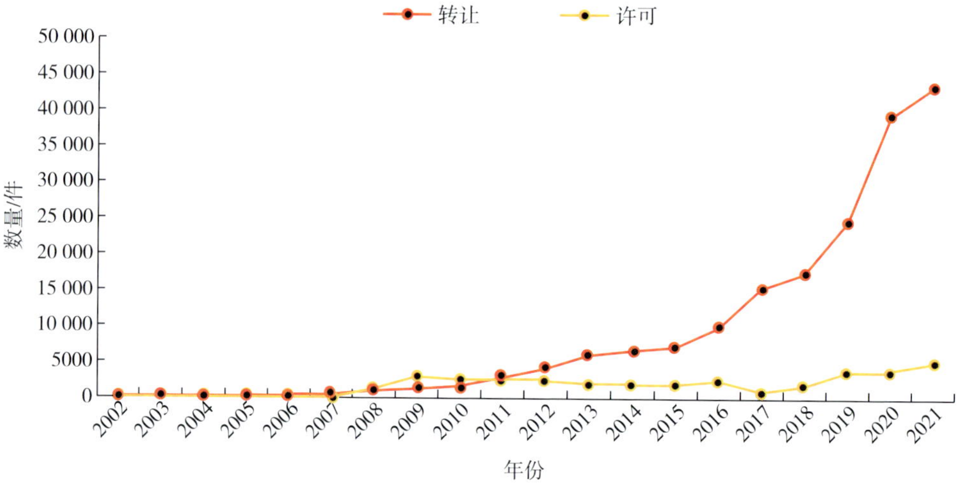

图 1–3–3　中国高校中国专利转让及许可趋势（2002—2021 年）

1.3.3　中国高校近 20 年专利技术申请趋势

从新兴产业分类来看，中国高校近 20 年专利申请主要集中在新一代信息技术产业、新材料产业、生物产业、高端装备制造产业和节能环保产业五大领域。从申请趋势来看，新一代信息技术产业和新材料产业专利申请位居前列，自2017年起新一代信息技术产业超越了新材料产业的专利申请量，成为增长速度最快的行业（图1-3-4、图1-3-5）。

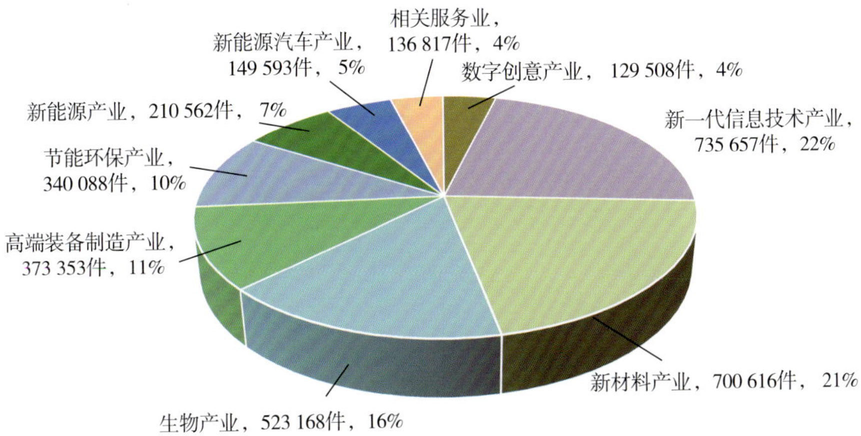

图1-3-4 中国高校专利申请新兴产业分布（2002—2021年）

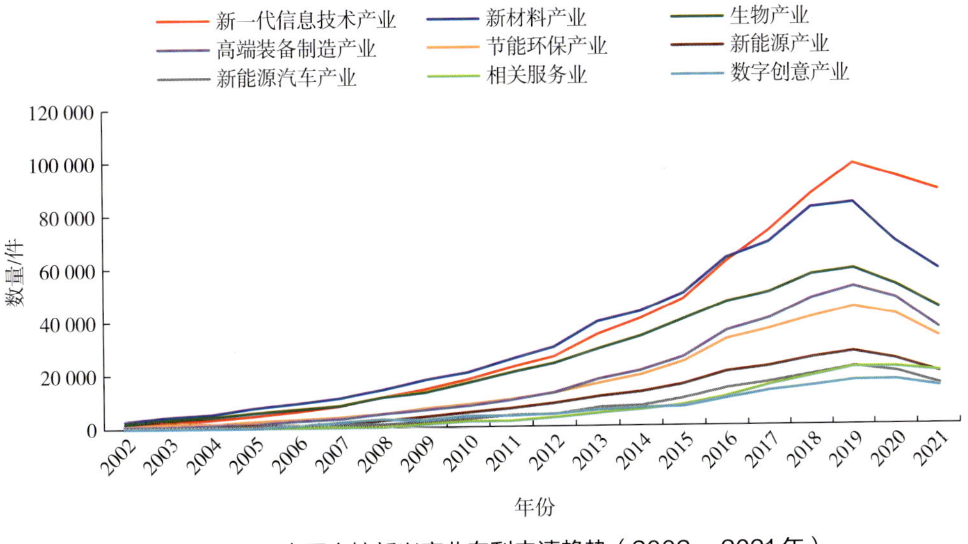

图1-3-5 中国高校新兴产业专利申请趋势（2002—2021年）

1.3.4 北上广深高校近20年专利情况

整体上看，北上广深各城市高校的专利申请量保持稳定增长，北京、上海和广州因为高校数量较多，其高校专利申请量明显高于深圳，广州高校的专利申请量自 2016 年起有超越上海高校的势头（图 1-3-6、图 1-3-7）。

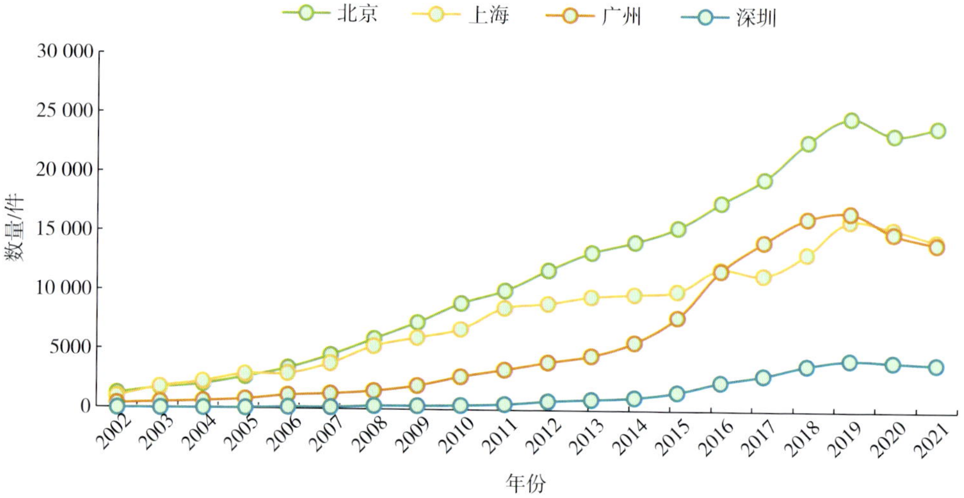

图 1-3-6　北上广深高校中国专利申请趋势（2002—2021 年）

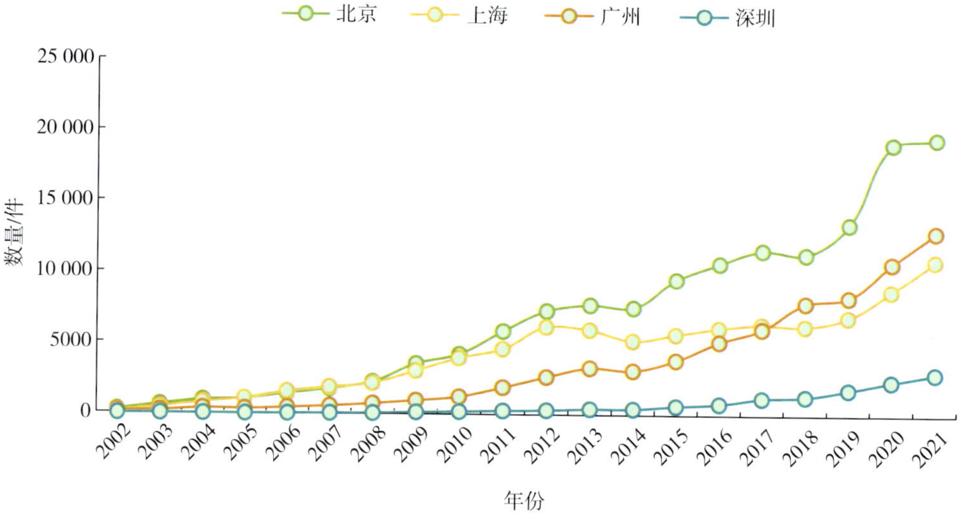

图 1-3-7　北上广深高校中国专利授权趋势（2002—2021 年）

1.3.5　北京高校专利技术布局情况

从 IPC 技术构成来看，北京市高校近 20 年专利申请的技术分布主要集中在以下 5 个领域：G06F（电数字数据处理）、G01N（借助于测定材料的化学或物理性质来测试或分析材料）、H04L（数字信息的传输）、G06K（数据识别；数据表示；记录载体；记录载体的处理）、G06N（基于特定计算模型的计算机系统）。从申请趋势来看，北京市高校近年来在G06F（电数字数据处理）、G01N（借助于测定材料的化学或物理性质来测试或分析材料）、G06K（数据识别；数据表示；记录载体；记录载体的处理）、G06N（基于特定计算模型的计算机系统）技术领域的专利申请量有所增长，尤其在G06K和G06N技术领域增长迅速（图1-3-8、表1-3-1）。

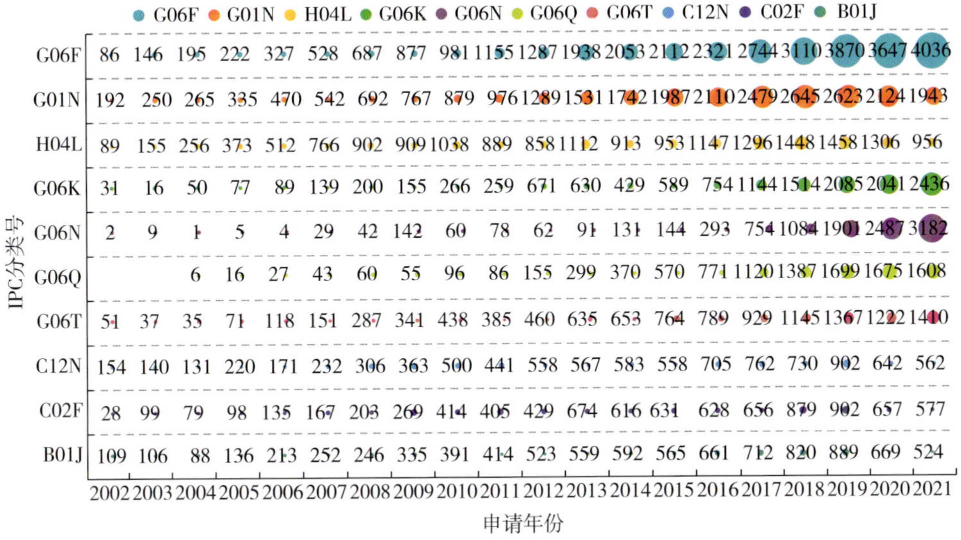

图1-3-8 北京市高校专利申请技术布局趋势（2002—2021年）

（资料来源：incoPat专利数据库）

表1-3-1 北京市高校专利申请IPC技术构成分类号释义

第二维度：IPC分类号（小类）
G06F（电数字数据处理）
G01N（借助于测定材料的化学或物理性质来测试或分析材料）
H04L（数字信息的传输，如电报通信）
G06K（数据识别；数据表示；记录载体；记录载体的处理）
G06N（基于特定计算模型的计算机系统）
G06Q（专门适用于行政、商业、金融、管理、监督或预测目的的数据处理系统或方法；其他类目不包含的专门适用于行政、商业、金融、管理、监督或预测目的的处理系统或方法）

续表

第二维度：IPC 分类号（小类）
G06T（一般的图像数据处理或产生）
C12N（微生物或酶；其组合物；繁殖、保藏或维持微生物；变异或遗传工程；培养基）
C02F（水、废水、污水或污泥的处理）
B01J（化学或物理方法）

从新兴产业分类来看，北京市高校近 20 年专利申请主要集中在新一代信息技术产业、新材料产业、高端装备制造产业三大领域，其在全部专利申请中的占比达到了 61%。新一代信息技术产业、新材料产业的专利变化趋势较为类似，2006—2014 年稳定增长，2015 年之后快速增长（图 1-3-9、图 1-3-10）。

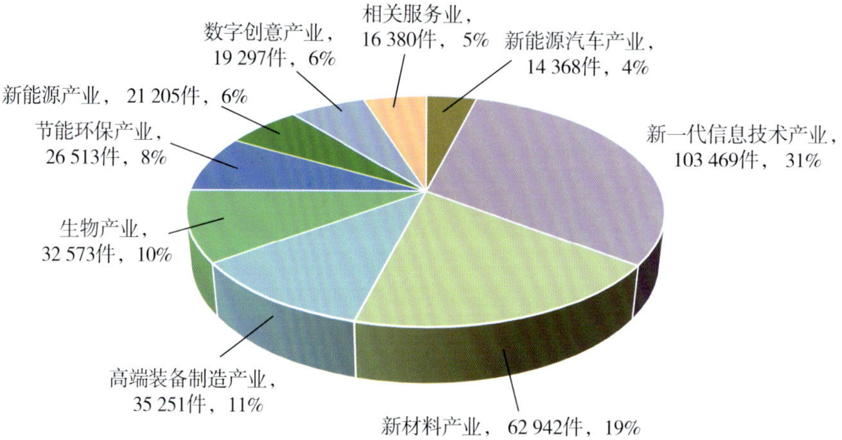

图 1-3-9　北京市高校专利申请新兴产业分布（2002—2021 年）

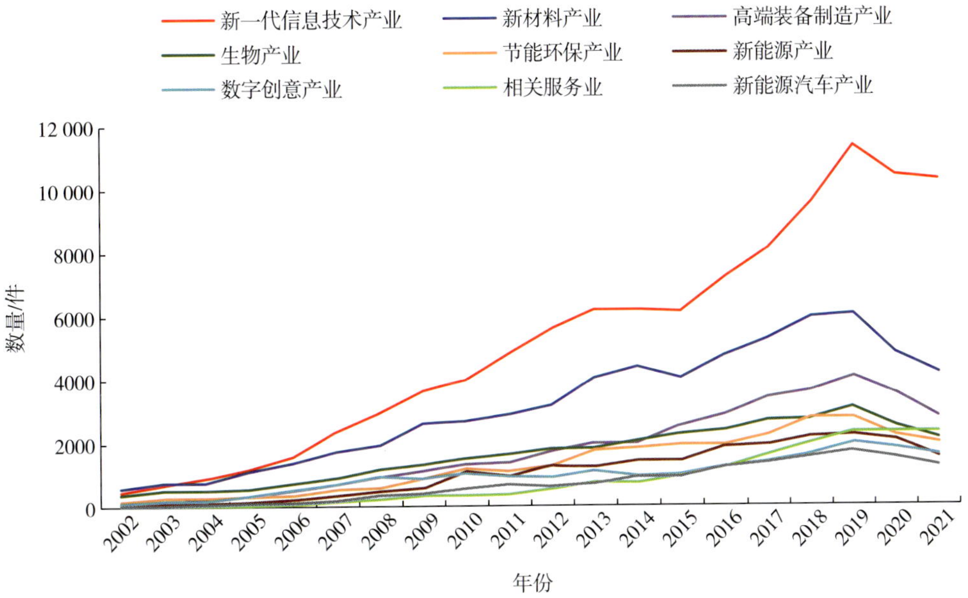

图 1-3-10 北京市高校新兴产业专利申请趋势（2002—2021 年）

1.3.6 上海高校专利技术布局情况

从 IPC 技术构成来看，上海市高校近 20 年专利申请的技术分布主要集中在以下 5 个领域：G01N（借助于测定材料的化学或物理性质来测试或分析材料）、G06F（电数字数据处理）、A61K（医用、牙科用或梳妆用的配制品）、A61P（化合物或药物制剂的特定治疗活性）、B01J（化学或物理方法）。从申请趋势来看，上海市高校近年来在 G01N（借助于测定材料的化学或物理性质来测试或分析材料）、G06F（电数字数据处理）、G06K（数据识别；数据表示；记录载体；记录载体的处理）、G06N（基于特定计算模型的计算机系统）技术领域的专利申请量有所增长，尤其在 G06K 和 G06N 技术领域增长迅速（图 1-3-11、表 1-3-2）。

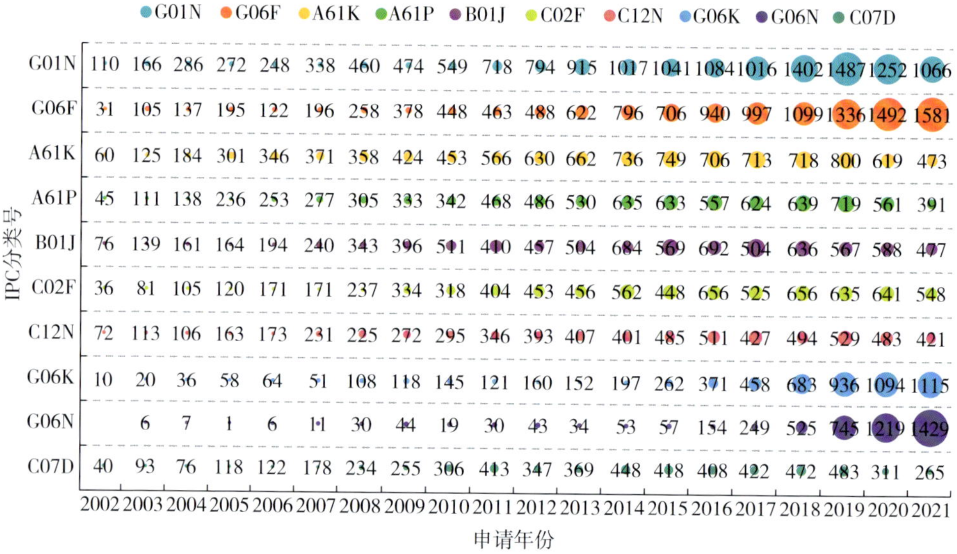

图 1-3-11　上海市高校专利申请技术布局趋势（2002—2021 年）

（资料来源：incoPat 专利数据库）

表 1-3-2　上海市高校专利申请 IPC 技术构成分类号释义

第二维度：IPC 分类号（小类）
G01N（借助于测定材料的化学或物理性质来测试或分析材料）
G06F（电数字数据处理）
A61K（医用、牙科用或梳妆用的配制品）
A61P（化合物或药物制剂的特定治疗活性）
B01J（化学或物理方法）
C02F（水、废水、污水或污泥的处理）
C12N（微生物或酶；其组合物；繁殖、保藏或维持微生物；变异或遗传工程；培养基）
G06K（数据识别；数据表示；记录载体；记录载体的处理）
G06N（基于特定计算模型的计算机系统）
C07D（杂环化合物）

从新兴产业分类来看，上海市高校近 20 年专利申请主要集中在新材料产业、新一代信息技术产业、生物产业三大领域，其在全部专利申请中的占比达到了 64%。从变化趋势来看，上海市高校在新一代信息技术产业的专利申请量于 2011

年和 2018 年陆续超越了在生物产业和新材料产业的专利申请量（图 1-3-12、图 1-3-13）。

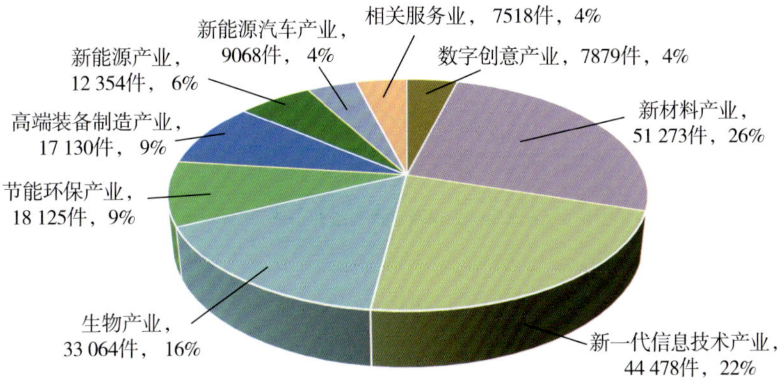

图 1-3-12　上海市高校专利申请新兴产业分布（2002—2021 年）

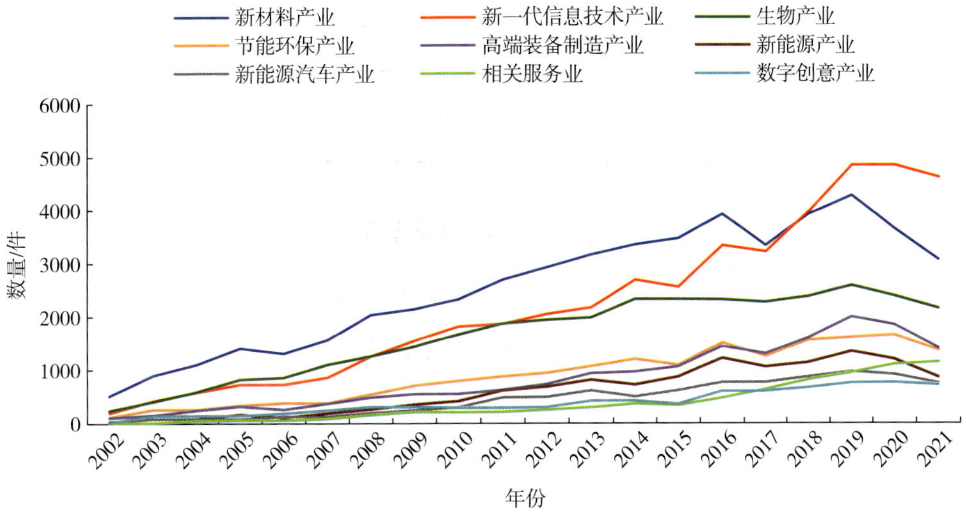

图 1-3-13　上海市高校新兴产业专利申请趋势（2002—2021 年）

1.3.7　广州高校专利技术布局情况

从 IPC 技术构成来看，广州市高校近 20 年专利申请的技术分布主要集中在以下 5 个领域：G06F（电数字数据处理）、G01N（借助于测定材料的化学或物理性质来测试或分析材料）、A61K（医用、牙科用或梳妆用的配制品）、A61P（化合物或药物制剂的特定治疗活性）、G06K（数据识别；数据表示；记录载体；记录载体的处理）。从申请趋势来看，广州市高校近年来在 G06F（电数字数据处理）、G01N（借助于测定材料的化学或物理性质来测试或分析材料）、G06K（数据识别；数据表示；记录载体；记录载体的处理）、G06N（基于特定计算模型的计算机系统）技术领域的专利申请量有所增长，尤其在 G06K 和 G06N 技术领域增长迅速（图 1-3-14、表 1-3-3）。

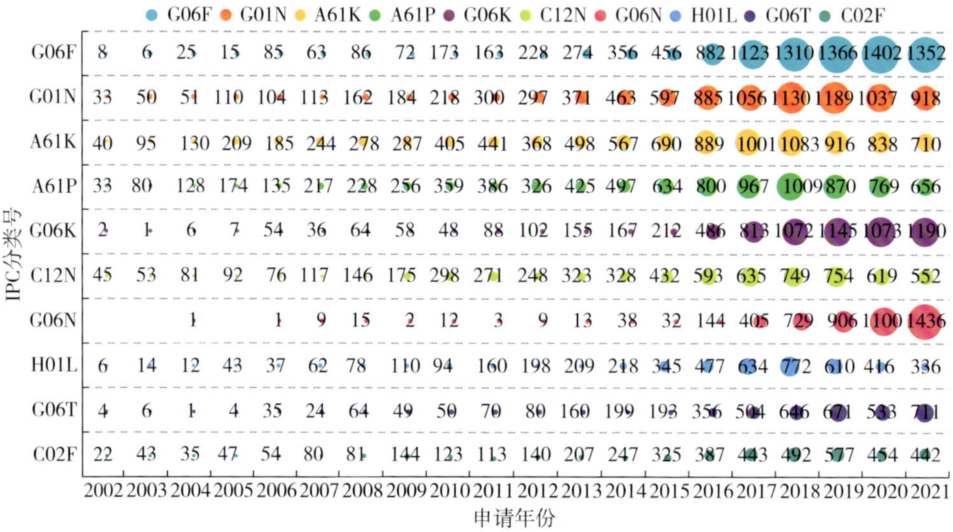

图 1-3-14　广州市高校专利申请技术布局趋势（2002—2021 年）

（资料来源：incoPat 专利数据库）

表 1-3-3　广州市高校专利申请 IPC 技术构成分类号释义

第二维度：IPC 分类号（小类）
G06F（电数字数据处理）
G01N（借助于测定材料的化学或物理性质来测试或分析材料）
A61K（医用、牙科用或梳妆用的配制品）
A61P（化合物或药物制剂的特定治疗活性）
G06K（数据识别；数据表示；记录载体；记录载体的处理）
C12N（微生物或酶；其组合物；繁殖、保藏或维持微生物；变异或遗传工程；培养基）
G06N（基于特定计算模型的计算机系统）
H01L（半导体器件；其他类目中不包括的电固体器件）

续表

第二维度：IPC 分类号（小类）
G06T（一般的图像数据处理或产生）
C02F（水、废水、污水或污泥的处理）

从新兴产业分类来看，广州市高校近 20 年专利申请主要集中在新一代信息技术产业、新材料产业、生物产业三大领域，其在全部专利申请中的占比达到了 65%。新一代信息技术产业、新材料产业、生物产业的专利申请量在 2015 年之后取得了快速增长，其中新一代信息技术产业的专利申请增速最为显著（图 1-3-15、图 1-3-16）。

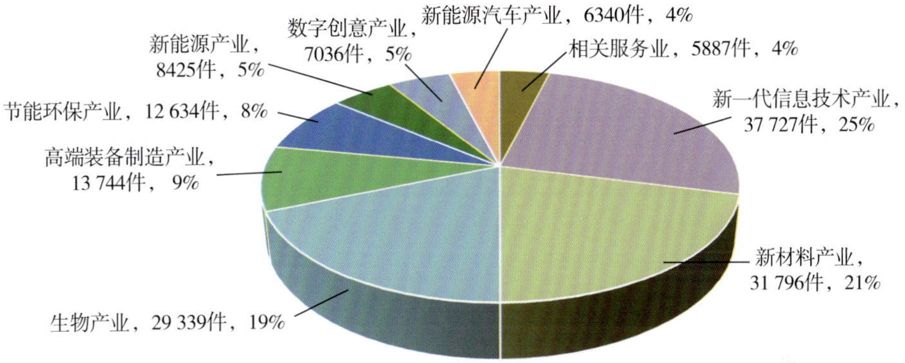

图 1-3-15 广州市高校专利申请新兴产业分布（2002—2021 年）

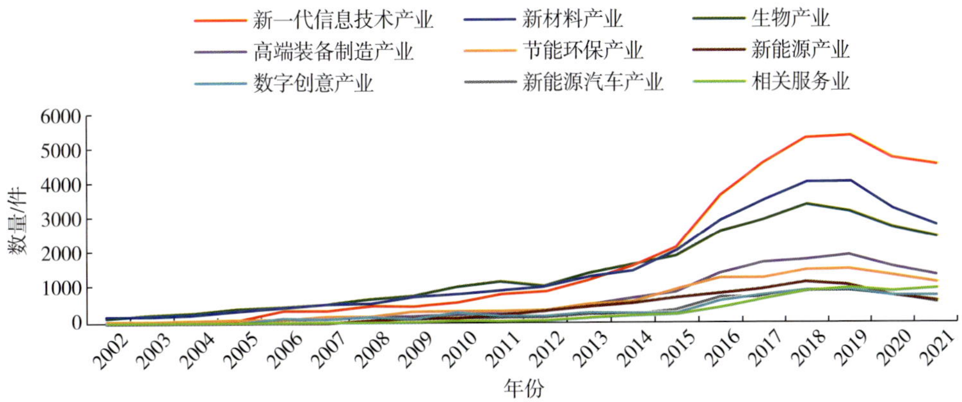

图 1-3-16 广州市高校新兴产业专利申请趋势（2002—2021 年）

1.3.8　北上广深高校专利转化情况

在国家专利运用政策的引导下，北上广深高校发生专利权转移的专利数量保持稳定增长，尤其近两年随着国家知识产权强国和高质量发展战略的实施，高校专利转让数量增长迅速。北上广深高校专利许可数量相对较少，2007—2009年快速增长后陆续震荡下跌，在 2021 年又有显著数量的专利许可（图 1-3-17、图 1-3-18）。

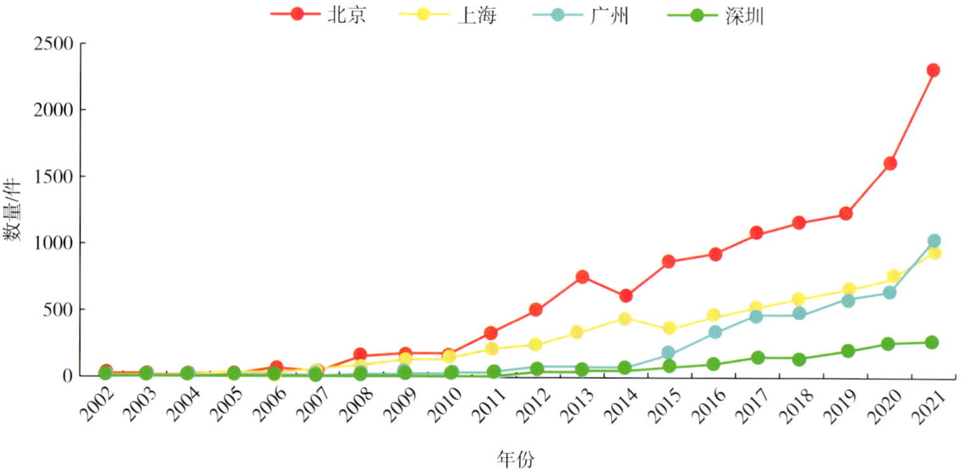

图 1-3-17　北上广深高校专利转让趋势（2002—2021 年）

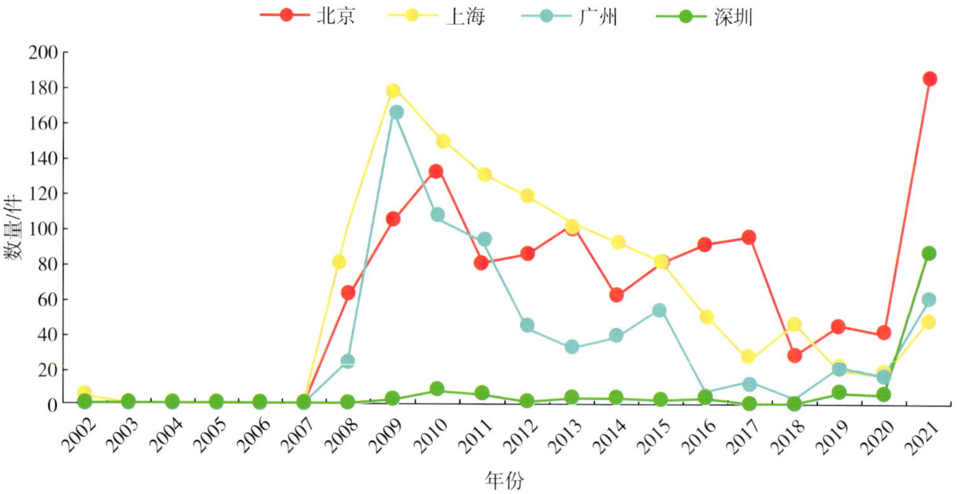

图 1-3-18　北上广深高校专利许可趋势（2002—2021 年）

1.3.9 北上广深高校2021年专利数据比较

对北上广深高校2021年公开的专利数据进行比较，由于北京、上海和广州的高校数量较多，因此其高校的专利公开总量也远远高于深圳，但从校均专利数据来看，深圳市高校的校均专利数据要高于其他城市高校（表1-3-4）。

表1-3-4 北上广深高校数量

单位：所

城市	北京	上海	广州	深圳
高校数量	92	63	82	10

注：北京、上海和广州的高校数量为教育部2020年度全国普通高等学校名单所录高校数量；深圳市高校包括部分高校在深圳市设立的分校或研究生院，因此深圳市高校数量为在数据库中实际检索到的高校数量（图1-3-19、图1-3-20）。

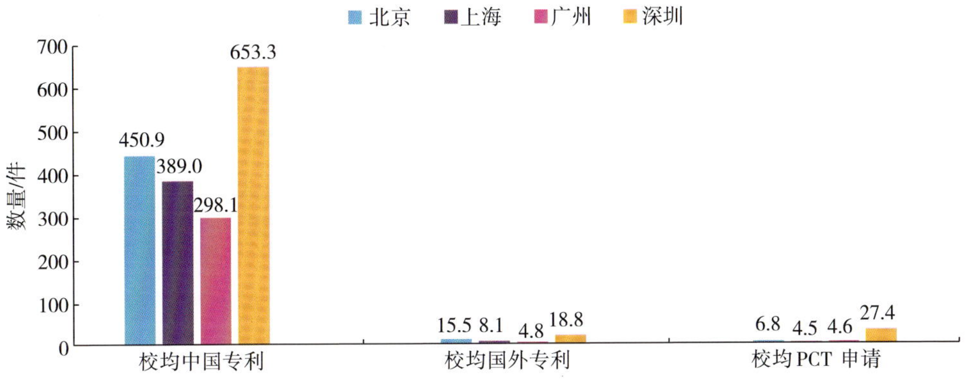

图1-3-19 2021年北上广深各城市高校校均专利数据

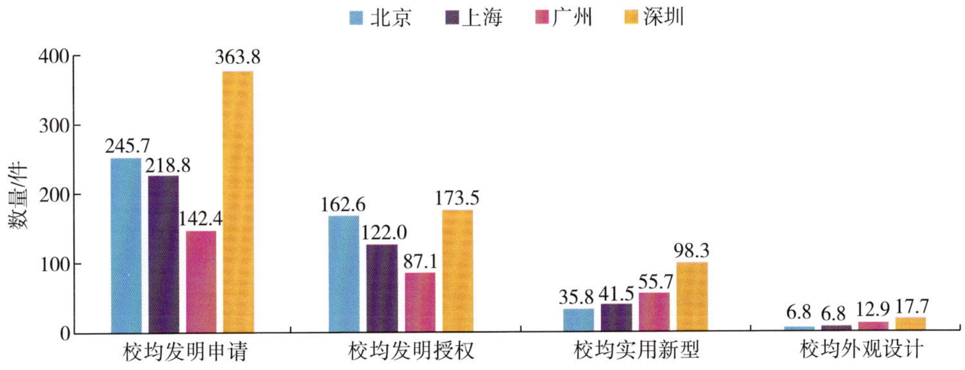

图1-3-20 2021年北上广深各城市高校中国专利校均数据

1.3.10　北上广深高校 PCT 申请情况比较

北上广深各城市高校的 PCT 申请量逐年增加。北京高校 PCT 申请的体量和增速位居前列，2009—2015 年稳定增长后，于 2016 年又迎来了快速增长；深圳高校在 2014 年以后增长迅速；广州高校的 PCT 申请量在 2015 年以后超越了上海高校（图 1-3-21）。

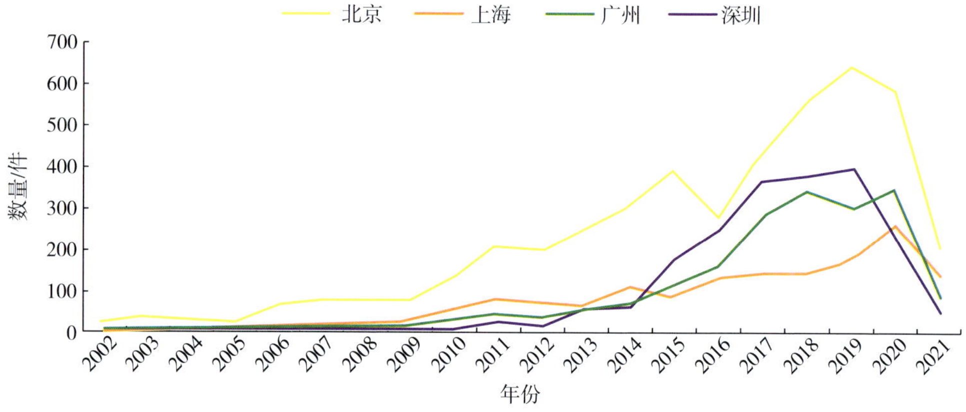

图 1-3-21　北上广深各城市高校 PCT 申请趋势（2002—2021 年）

从整体来看，在北上广深高校的 PCT 申请中，法律状态为“未进入国家阶段 -PCT 有效期满”的 PCT 申请占比较高，这意味着北上广深高校大部分的 PCT 申请截至有效期满都未能进入国家阶段，说明我国高校通过 PCT 途径进行专利保护的意识虽有所增强，但在 PCT 申请后促进专利权落实方面还做得不足（图 1-3-22）。

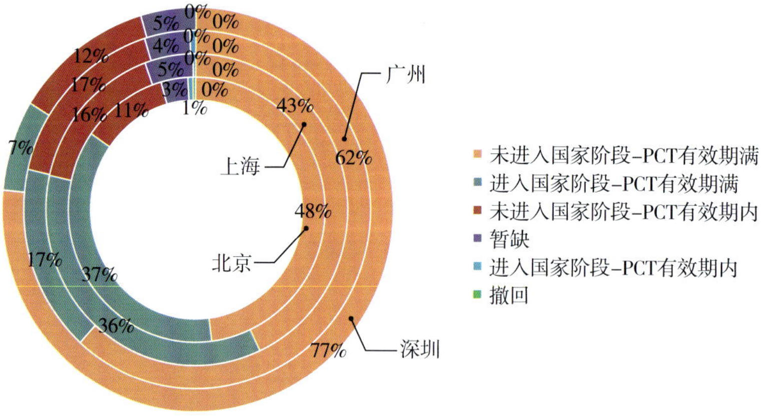

图 1-3-22　北上广深各城市高校近 20 年 PCT 申请法律状态分布（2002—2021 年）

1.4　国际湾区高校 PCT 专利情况比较分析

1.4.1　四大湾区高校 PCT 申请趋势

四大湾区高校中，纽约湾区高校的 PCT 申请量要远高于其他湾区高校。纽约湾区高校、旧金山湾区高校、东京湾区高校近 20 年的 PCT 申请量趋势相对稳健，粤港澳大湾区高校的 PCT 申请量在 2014 年之后快速增长，年度申请量分别超越了旧金山湾区和东京湾区，这说明粤港澳大湾区高校对专利的国际保护意识逐渐增加（表 1-4-1）。

表 1-4-1　四大湾区高校数量

单位：所

湾区	纽约湾区	旧金山湾区	东京湾区	粤港澳大湾区
高校数量	1399	699	338	140

注：根据对纽约湾区、旧金山湾区和东京湾区的相关研究和维基百科中关于不同湾区的边界界定，对各湾区内的高校进行整理以获得各湾区的高校列表（图 1-4-1）。

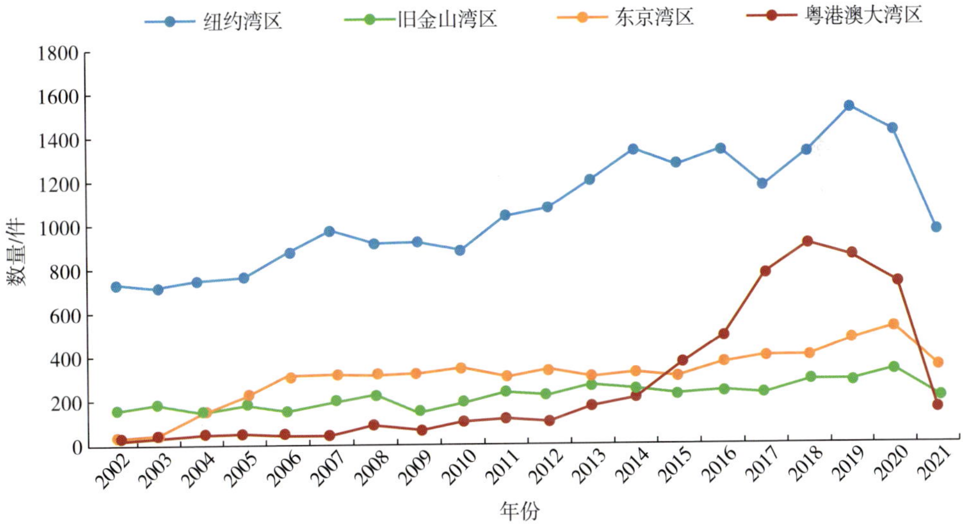

图 1-4-1　四大湾区高校 PCT 申请趋势（2002—2021 年）

1.4.2 四大湾区高校 PCT 主要申请人

四大湾区高校 PCT 申请的 TOP 20 申请人中，有 12 所来自纽约湾区，包括麻省理工学院、约翰霍普金斯大学、宾夕法尼亚大学、哥伦比亚大学、耶鲁大学、康奈尔大学、西北大学、马萨诸塞大学、纽约大学、东北大学、罗切斯特大学和马里兰大学；有 3 所来自旧金山湾区，包括斯坦福大学、加州理工大学、南加州大学；有 3 所来自东京湾区，包括东京大学、东京理工大学和庆应义塾大学；有 2 所来自粤港澳大湾区，包括深圳大学和华南理工大学（图 1–4–2）。

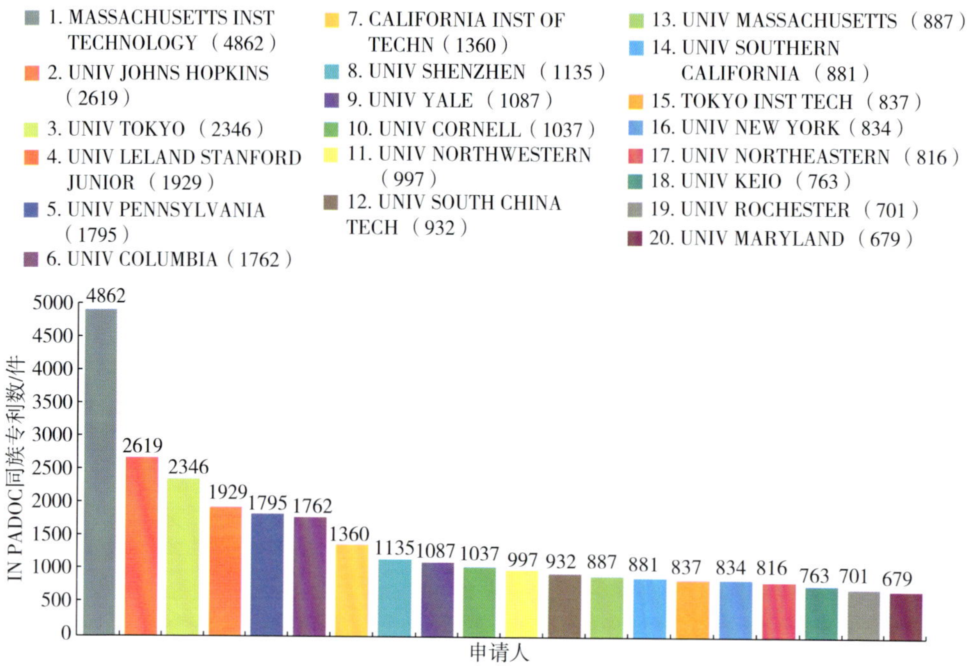

图 1–4–2 四大湾区高校 PCT 主要申请人

（资料来源：INNOGRAPHY 专利数据库）

1.4.3 纽约湾区高校 PCT 申请新兴产业构成

从新兴产业分类来看，纽约湾区高校 PCT 申请主要集中在生物产业、新一代信息技术产业和新材料产业三大领域，其在 PCT 申请中的占比分别达到了 50%、16% 和 13%。从申请趋势来看，除生物产业 PCT 申请有缓慢增长外，其他领域基本保持稳定（图 1–4–3、图 1–4–4）。

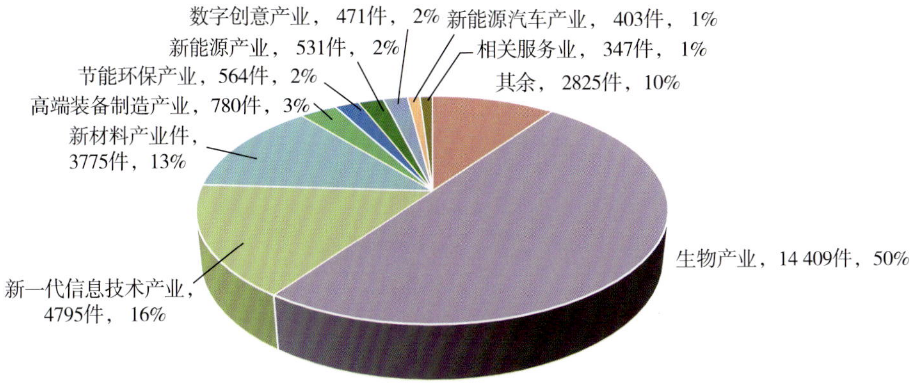

图 1-4-3　纽约湾区高校 PCT 申请新兴产业分布（2002—2021 年）

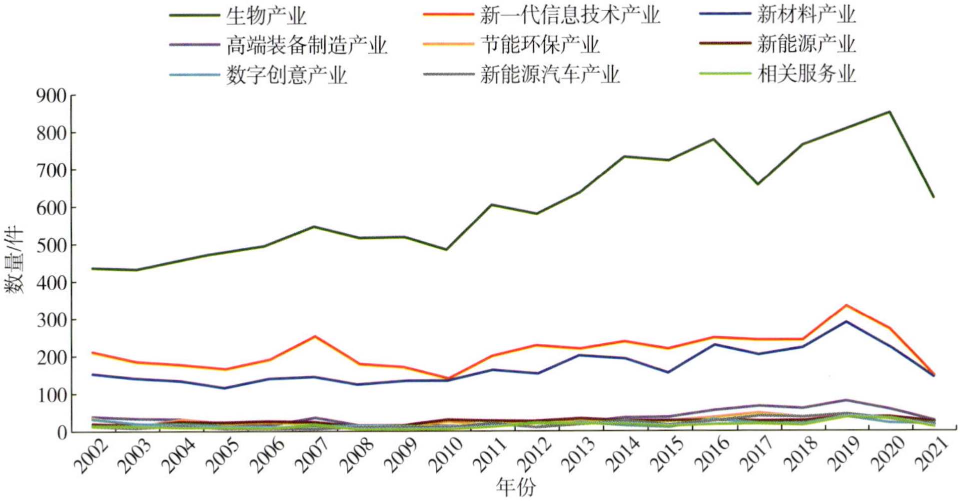

图 1-4-4　纽约湾区高校 PCT 申请新兴产业趋势（2002—2021 年）

1.4.4　旧金山湾区高校 PCT 申请新兴产业构成

从新兴产业分类来看，旧金山湾区高校 PCT 申请主要集中在生物产业、新一代信息技术产业和新材料产业三大领域，其在 PCT 申请中的占比分别达到了 48%、18% 和 11%。从申请趋势来看，除生物产业 PCT 申请有缓慢增长外，其他领域基本保持稳定（图 1-4-5、图 1-4-6）。

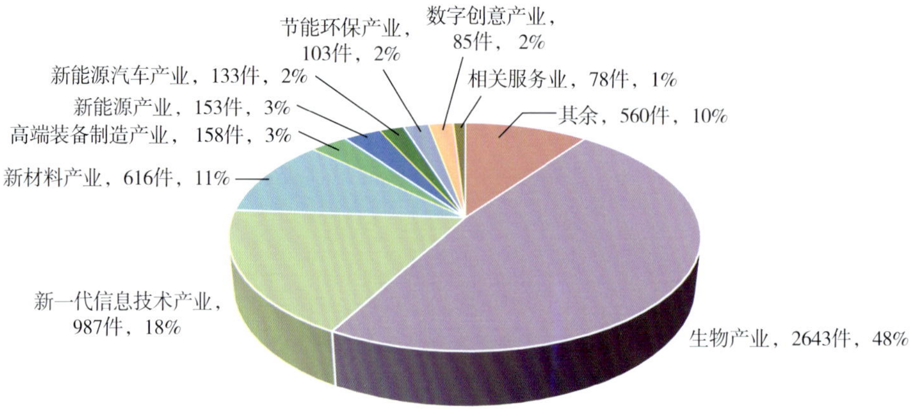

图 1-4-5　旧金山湾区高校 PCT 申请新兴产业分布（2002—2021 年）

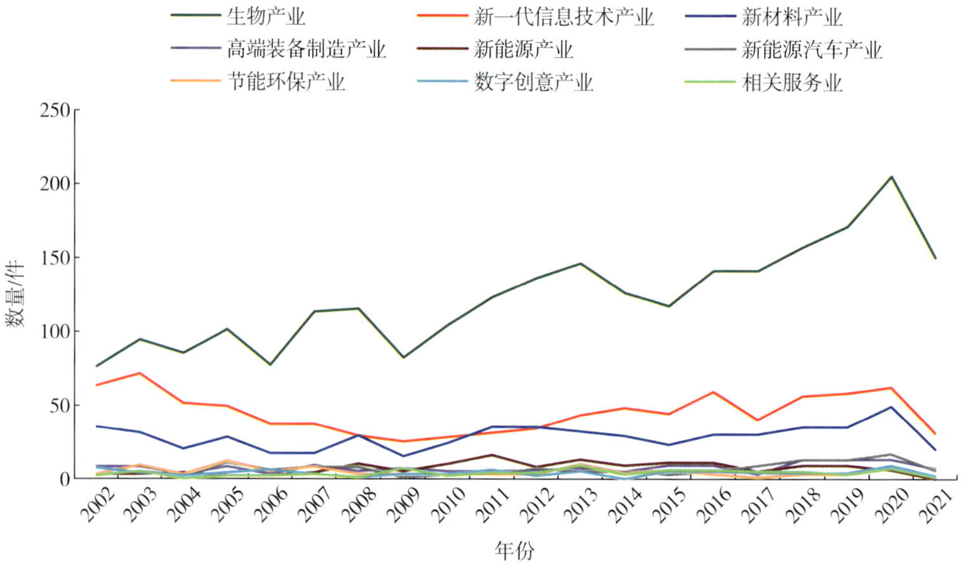

图 1-4-6　旧金山湾区高校 PCT 申请新兴产业趋势（2002—2021 年）

1.4.5　东京湾区高校 PCT 申请新兴产业构成

从新兴产业分类来看，东京湾区高校 PCT 申请主要集中在生物产业、新材料产业和新一代信息技术产业三大领域，其在 PCT 申请中的占比分别达到了 36%、21% 和 16%（图 1-4-7、图 1-4-8）。

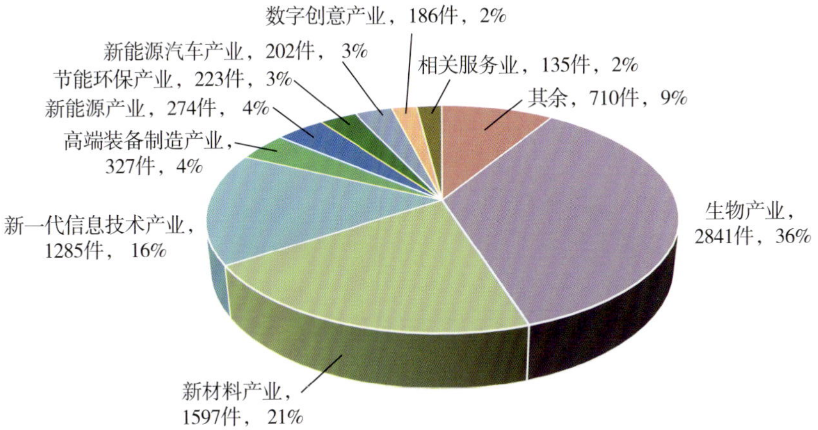

图1-4-7 东京湾区高校 PCT 申请新兴产业分布（2002—2021年）

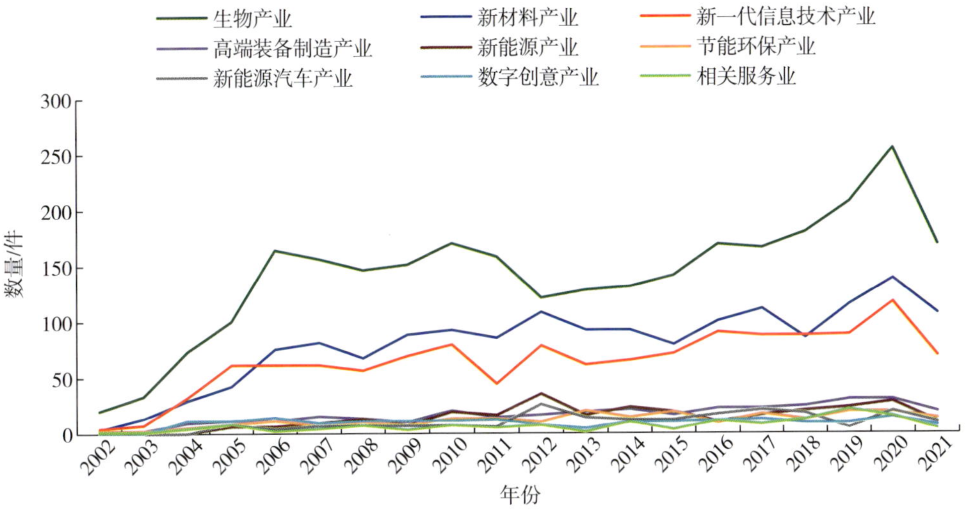

图1-4-8 东京湾区高校 PCT 申请新兴产业趋势（2002—2021年）

1.4.6 粤港澳大湾区高校 PCT 申请新兴产业构成

从新兴产业分类来看，粤港澳大湾区高校 PCT 申请主要集中在新一代信息技术产业、生物产业和新材料产业三大领域，其在 PCT 申请中的占比分别达到了 29%、19% 和 16%。从申请趋势来看，新一代信息技术产业、生物产业和新材料产业的 PCT 申请在 2014 年以后迎来了快速增长，新一代信息技术产业的

PCT 申请增长最为迅速（图 1-4-9、图 1-4-10）。

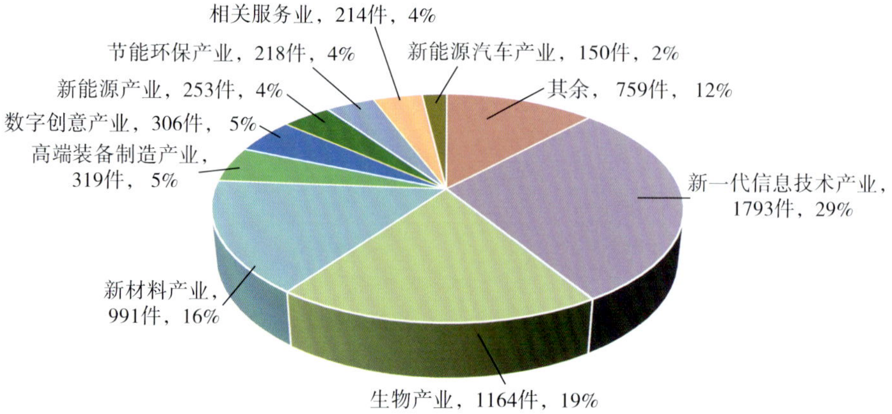

图 1-4-9　粤港澳大湾区高校 PCT 申请新兴产业分布（2002—2021 年）

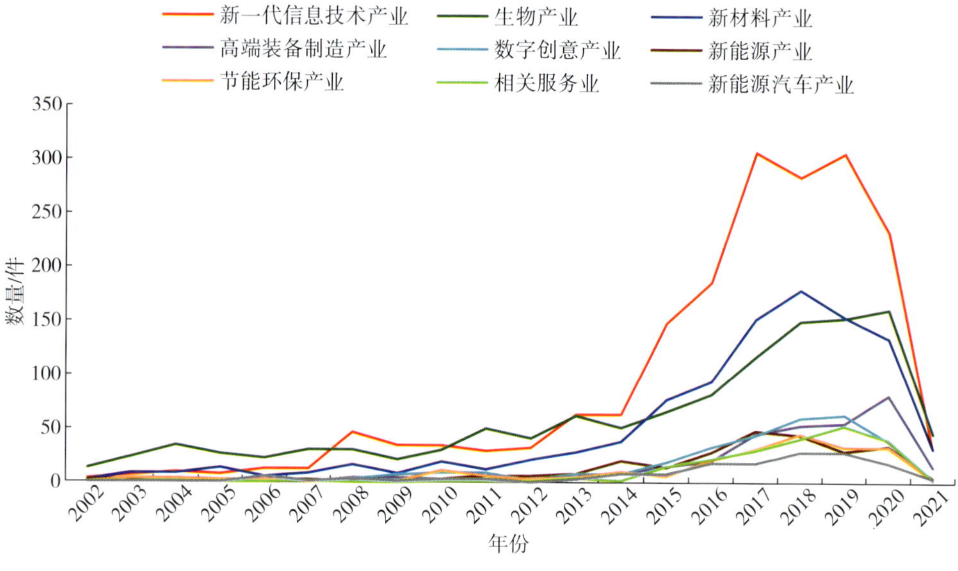

图 1-4-10　粤港澳大湾区高校 PCT 申请新兴产业趋势（2002—2021 年）

1.4.7　四大湾区高校 PCT 申请法律状态

从 PCT 申请的法律状态来看，四大湾区高校都有一些 PCT 申请截至有效期满未能进入国家阶段，纽约湾区、旧金山湾区和东京湾区"进入国家阶段 -PCT 有效期满"的 PCT 申请占比分别达到了 65%、61% 和 67%，而粤港澳大湾区高校“进入国家阶段 -PCT 有效期满”的 PCT 申请占比只有 21%，更有 67% 的 PCT 申请截至 PCT 有效期满都未能进入国家阶段，这说明粤港澳大湾区高校的 PCT 申请大多数仅停留在国际申请阶段，而未能进入相应的国家实现专利的保护阶段（图 1-4-11）。

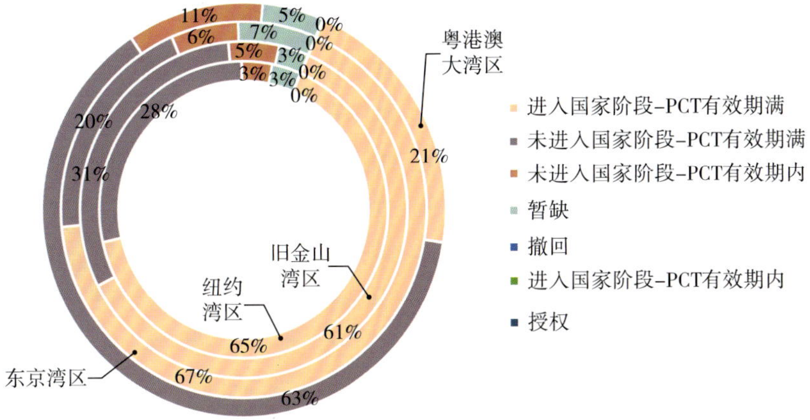

图 1-4-11　四大湾区高校近 20 年 PCT 申请法律状态分布（2002—2021 年）

2

高校专利季度分析数据

——对于高校专利数据的动态跟踪

高校是创新活动的主要力量，在加快推动科技成果转化，支撑经济社会发展方面发挥着重要的作用。在科研创新过程中，专利文献是不可或缺的参考文献。基于专利在科研创新和情报分析中的重要地位，对高校知识产权数据进行动态的监测分析，有利于高校优化学科布局，推动科研创新和技术进步。

本章将 2021 年高校专利数据分成 4 个时间跨度（2021 年 1—3 月、2021 年 1—6 月、2021 年 1—9 月、2021 年 1—12 月）进行综合统计分析，以统计各城市高校的专利公开数据、专利转化数据、校均专利数据、专利技术构成等，使用了 incoPat 专利数据库，对深圳市高校、北上广深高校、粤港澳大湾区高校几个维度进行统计分析[①]。

通过对高校专利数据的分季度动态跟踪，以期来观测高校的创新发展情况，分析高校的科研申请趋势和布局动向，为高校的技术开发及决策提供数据参考。

2.1 深圳市高校专利情况分析（2021 年 1—3 月）

2.1.1 深圳市高校公开专利总体概况

2021 年 1—3 月，深圳市高校国内专利公开量为 1446 件，其中发明专利、实用新型专利和外观设计专利分别为 1175 件、235 件和 36 件。发明专利包括发

① 数据检索分析时间为各季度数据检索分析时间为该季度后的第 2 个月，如 2021 年第 1 季度（1—3 月）数据的检索分析时间为 2021 年 5 月；检索数据库为 incoPat 专利数据库等。数据说明：由于数据库收录时滞等原因，最新季度数据可能存在部分数据更新不及时或检索不完整的问题。

明申请专利 786 件，发明授权专利 389 件。PCT 申请公开量为 76 件。国内专利包括在中国大陆申请的专利（CN）和在中国港澳台地区申请的专利（HK、MO、TW）；PCT 申请指通过 PCT 途径递交的专利申请（表 2-1-1）。

表 2-1-1　深圳市高校 2021 年 1—3 月公开专利总体概况

单位：件

发明		实用新型	外观设计	PCT 申请
发明申请	发明授权			
786	389	235	36	76
1175				

2.1.2　深圳市高校专利申请人及公开专利情况

2021 年 1—3 月，深圳市高校专利申请人及其国内专利公开量、不同类型国内专利及 PCT 申请的数量如图 2-1-1 所示，深圳市高校专利申请人主要有深圳大学、哈尔滨工业大学（深圳）、南方科技大学、清华大学深圳国际研究生院、深圳技术大学、深圳职业技术学院、北京大学深圳研究生院、深圳信息职业技术学院、香港中文大学（深圳）。

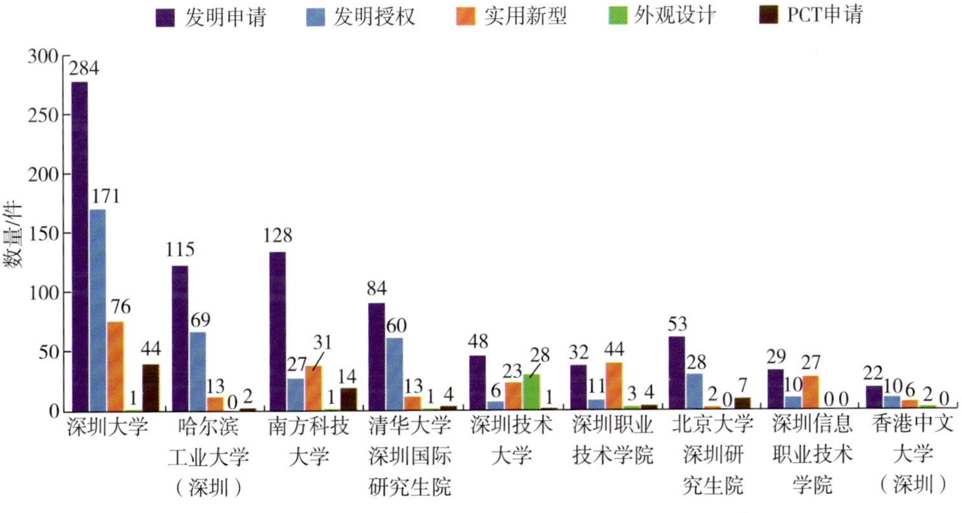

图 2-1-1　深圳市高校 2021 年 1—3 月专利公开量数据

2.1.3 深圳市各高校发明专利审结情况及授权率

授权率指的是发明专利授权量－审结比，其中发明专利审结量＝授权量＋驳回量＋撤回量；发明专利授权量＝审结并授权公告的发明专利数量（表 2–1–2）。

表 2–1–2 深圳市各高校 2021 年 1—3 月国内公开发明专利审结情况

单位：件

高校	授权量	驳回量	撤回量	授权率
深圳大学	171	61	15	69.2%
哈尔滨工业大学（深圳）	69	29	2	69.0%
清华大学深圳国际研究生院	60	22	4	69.8%
南方科技大学	27	12	3	64.3%
北京大学深圳研究生院	28	7	5	70.0%
深圳职业技术学院	11	11	5	40.7%
深圳信息职业技术学院	10	7	0	58.8%
香港中文大学（深圳）	10	1	0	90.9%
深圳技术大学	6	3	1	60.0%

2.1.4 深圳市各高校专利转让及许可情况

2021 年 1—3 月，深圳大学有 60 件专利发生转让，南方科技大学有 61 件专利发生许可，深圳市高校的专利转化以转让及许可为主要形式（图 2–1–2）。

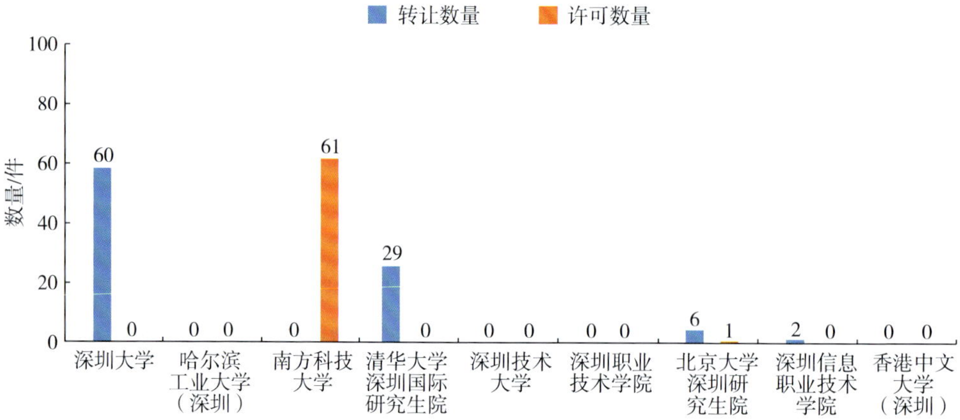

图 2–1–2 深圳市各高校 2021 年 1—3 月专利转让及许可情况

2.1.5 深圳市各高校授权专利维持有效情况

图 2-1-3 显示出了截至 2021 年 3 月 31 日深圳市各高校国内已授权专利的总量。

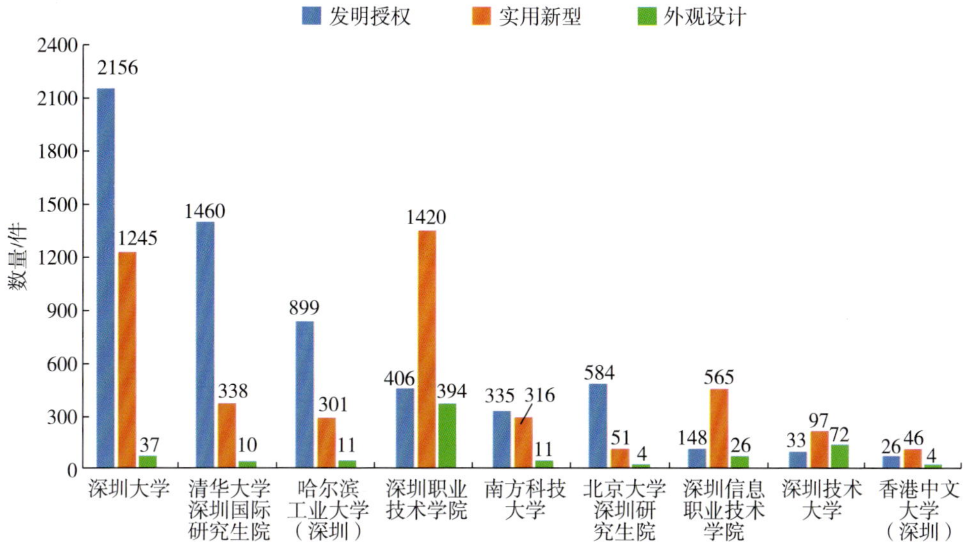

图 2-1-3 深圳市各高校国内已授权专利的总量（截至 2021 年 3 月 31 日）

图 2-1-4、图 2-1-5 分别显示出了截至 2021 年 3 月 31 日深圳市各高校国内授权专利中维持有效的专利总量，以及深圳市各高校授权专利中维持有效的专利占比。

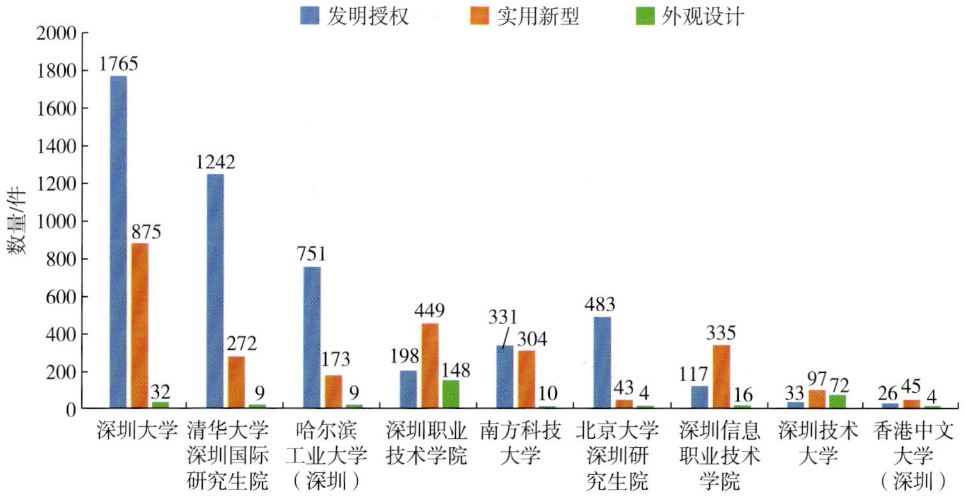

图 2-1-4 深圳市各高校国内授权专利中维持有效的专利总量（截至 2021 年 3 月 31 日）

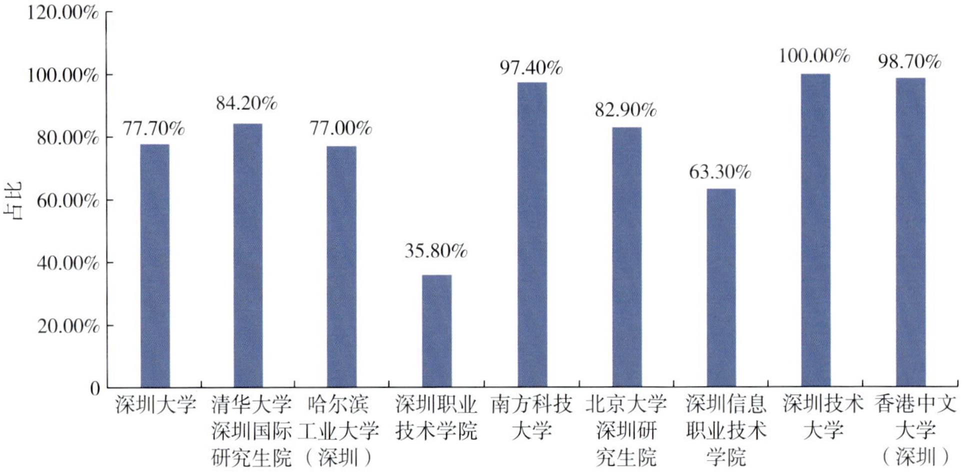

图 2-1-5 深圳市各高校授权专利中维持有效的专利占比（截至 2021 年 3 月 31 日）

2.2 中国高校专利情况分析（2021 年 1—3 月）

2.2.1 中国（包括港澳台）高校公开专利总体概况

2021 年 1—3 月，中国（包括港澳台）高校国内专利公开量为 121 396 件，其中发明专利、实用新型专利、外观设计专利分别为 89 148 件、28 352 件和 3896 件。发明专利包括发明申请专利 56 845 件，发明授权专利 32 303 件（表 2-2-1）。

表 2-2-1 中国（包括港澳台）高校 2021 年 1—3 月公开专利总体概况

单位：件

发明		实用新型	外观设计
发明申请	发明授权		
56 845	32 303	28 352	3896
89 148			

2.2.2 中国（包括港澳台）高校发明专利审结情况及授权率

2021 年 1—3 月，中国（包括港澳台）高校的发明授权率为 67%（图 2-2-1）。

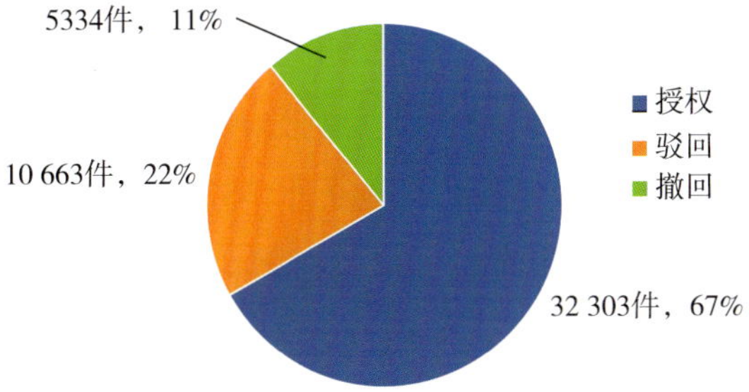

图 2-2-1 中国（包括港澳台）高校 2021 年 1—3 月国内发明专利审结情况

2.2.3 北京市高校公开专利总体概况

2021 年 1—3 月，北京市高校国内专利公开量达 9555 件，其中发明专利、实用新型专利、外观设计专利分别为 8763 件、710 件和 82 件。发明专利包括发明申请专利 4943 件、发明授权专利 3820 件。PCT 申请公开量为 140 件（表 2-2-2、图 2-2-2）。

表 2-2-2 北京市高校 2021 年 1—3 月公开专利总体概况

单位：件

发明		实用新型	外观设计	PCT 申请
发明申请	发明授权			
4943	3820	710	82	140
8763				

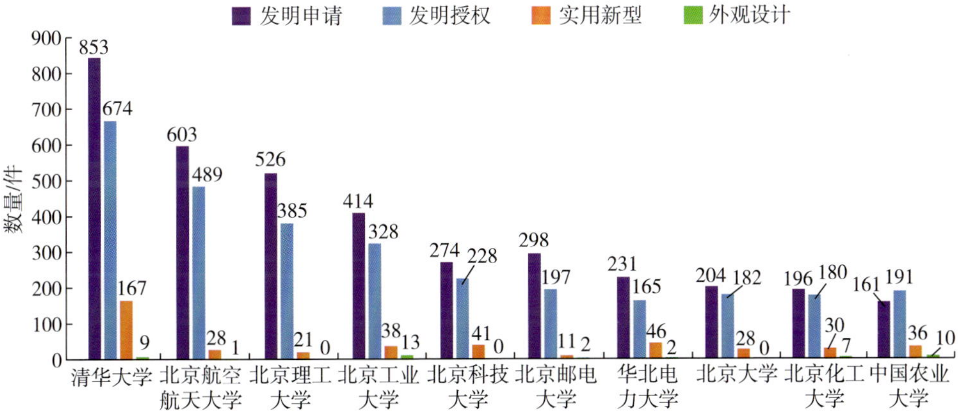

图 2-2-2 北京市专利公开量排名前十的高校公开专利情况（2021 年 1—3 月）

2.2.4 上海市高校公开专利总体概况

2021 年 1—3 月，上海市高校国内专利公开量达 5115 件，其中发明专利、实用新型专利、外观设计专利分别为 4419 件、570 件和 126 件。发明专利包括发明申请专利 2929 件、发明授权专利 1490 件。PCT 申请公开量为 66 件（表 2-2-3、图 2-2-3）。

表 2-2-3 上海市高校 2021 年 1—3 月公开专利总体概况

单位：件

<table>
<tr><th colspan="2">发明</th><th rowspan="2">实用新型</th><th rowspan="2">外观设计</th><th rowspan="2">PCT 申请</th></tr>
<tr><th>发明申请</th><th>发明授权</th></tr>
<tr><td>2929</td><td>1490</td><td rowspan="2">570</td><td rowspan="2">126</td><td rowspan="2">66</td></tr>
<tr><td colspan="2">4419</td></tr>
</table>

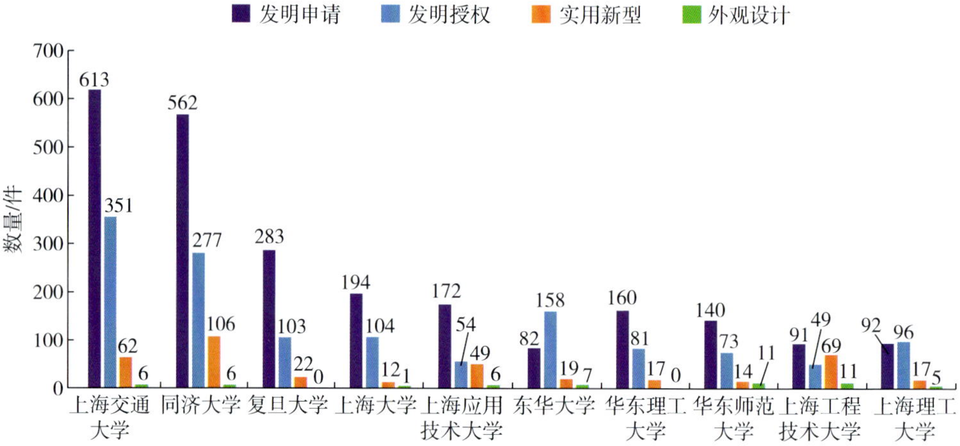

图 2-2-3 上海市专利公开量排名前十的高校公开专利情况（2021 年 1—3 月）

2.2.5 广州市高校公开专利总体概况

2021 年 1—3 月，广州市高校国内专利公开量达 5114 件，其中发明专利、实用新型专利、外观设计专利分别为 3995 件、920 件和 199 件。发明专利包括发明申请专利 2391 件、发明授权专利 1604 件。PCT 申请公开量为 86 件（表 2-2-4、图 2-2-4）。

表 2-2-4 广州市高校 2021 年 1—3 月公开专利总体概况

单位：件

发明		实用新型	外观设计	PCT 申请
发明申请	发明授权			
2391	1604	920	199	86
3995				

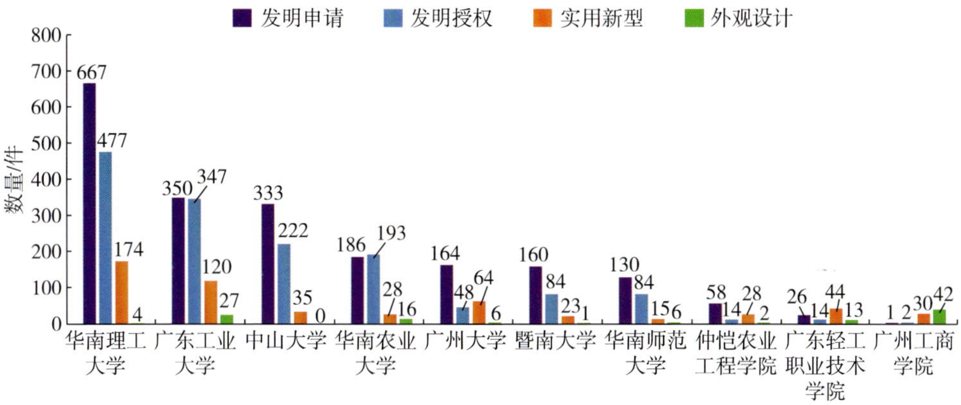

图 2-2-4 广州市专利公开量排名前十的高校公开专利情况（2021 年 1—3 月）

2.2.6 北上广深各城市高校公开专利情况比较分析

图 2-2-5、图 2-2-6 分别显示出了 2021 年 1—3 月北上广深各城市高校的各类国内公开专利情况及校均公开专利数据。

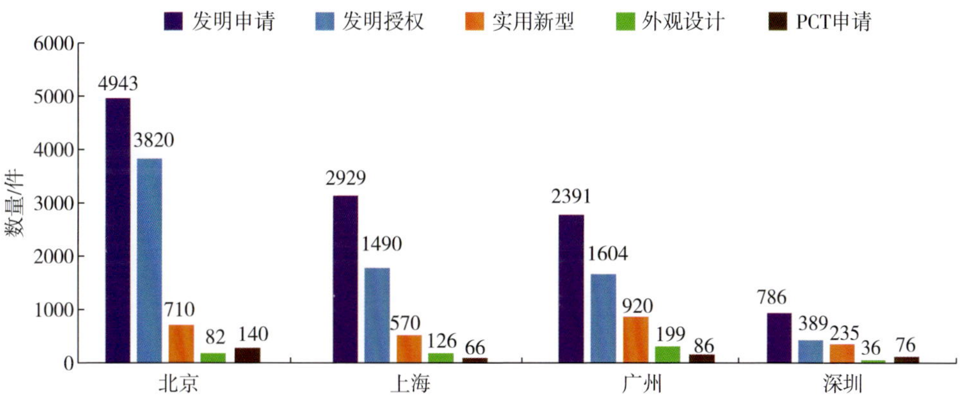

图 2-2-5 北上广深各城市高校 2021 年 1—3 月公开专利情况

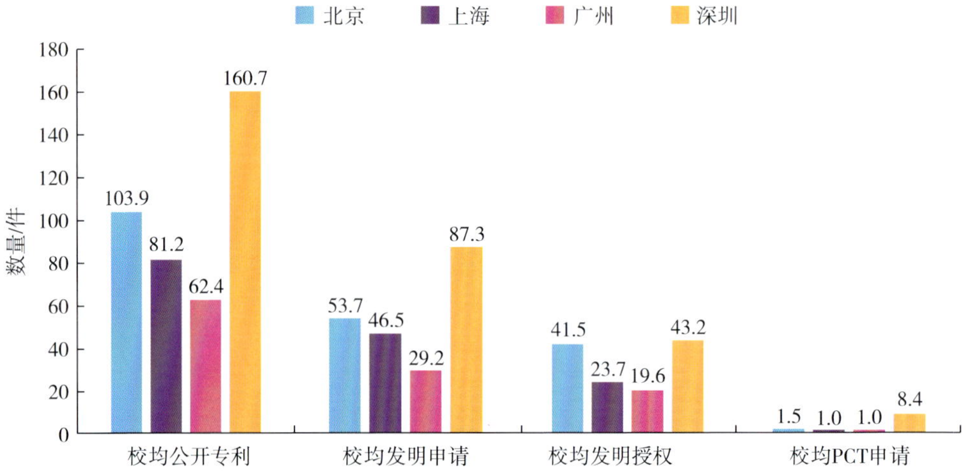

图 2-2-6　北上广深各城市 2021 年 1—3 月校均公开专利数据

2.3　粤港澳大湾区高校专利情况分析（2021 年 1—3 月）

2.3.1　粤港澳大湾区高校公开专利总体概况

2021 年 1—3 月，粤港澳大湾区高校国内专利公开量达 7823 件，其中发明专利、实用新型专利、外观设计专利分别为 5982 件、1516 件和 325 件。发明专利包括发明申请专利 3724 件、发明授权专利 2258 件。PCT 申请公开量为 223 件（表 2-3-1、图 2-3-1）。

表 2-3-1　粤港澳大湾区高校 2021 年 1—3 月公开专利总体概况

单位：件

发明		实用新型	外观设计	PCT 申请
发明申请	发明授权			
3724	2258	1516	325	223
5982				

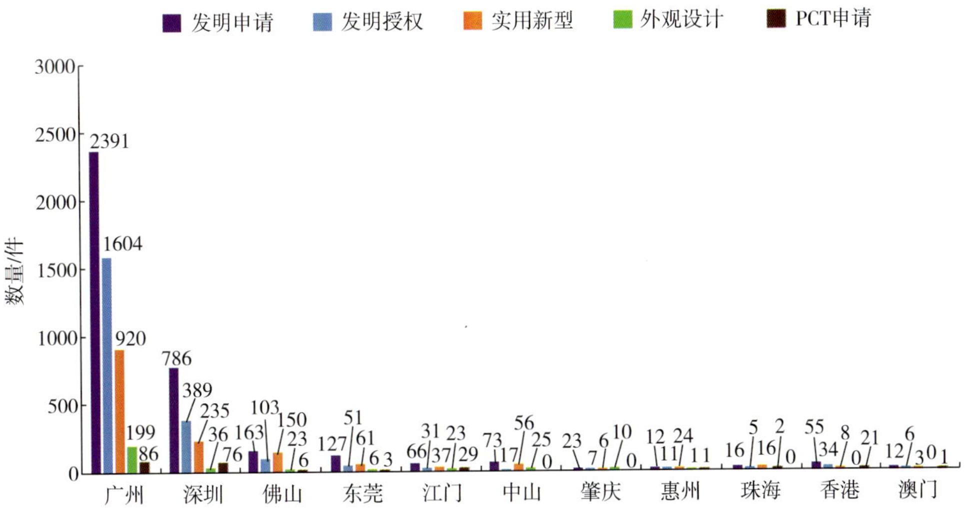

图 2-3-1　粤港澳大湾区各城市高校 2021 年 1—3 月专利公开数据

2.3.2　粤港澳大湾区各城市校均公开专利情况

对粤港澳大湾区各城市高校的专利数量按各城市高校数量取平均值，以对各城市高校 2021 年 1—3 月的专利产出情况进行比较（表 2-3-2、图 2-3-2 至图 2-3-5）。

表 2-3-2　粤港澳大湾区各城市高校数量（2021 年 1—3 月）

单位：所

城市	广州	深圳	佛山	东莞	江门	中山	肇庆	惠州	珠海	香港	澳门
教育部高校名录中的数量	82	8	6	7	5	3	5	5	6	—	—
2021 年 1—3 月有公开专利的高校数量	82	9	6	5	2	3	4	4	4	7	2

注：针对粤港澳大湾区各城市的校均公开专利情况进行分析，其中广州因高校众多，其数量取教育部高校名录中的高校数量，其他城市的高校数量为数据库中实际检索到的有专利公开的高校数量。香港和澳门的高校未在教育部高校名录中列出，只给出实际检索的数据。

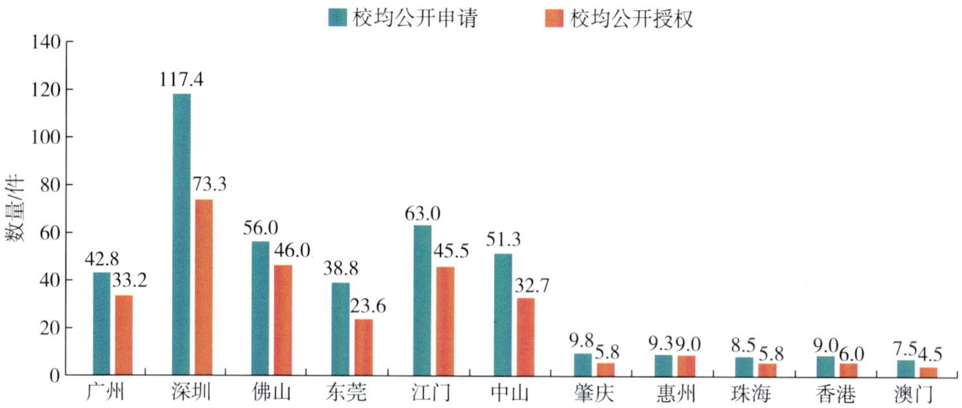

图 2-3-2　粤港澳大湾区各城市高校 2021 年 1—3 月校均公开专利情况

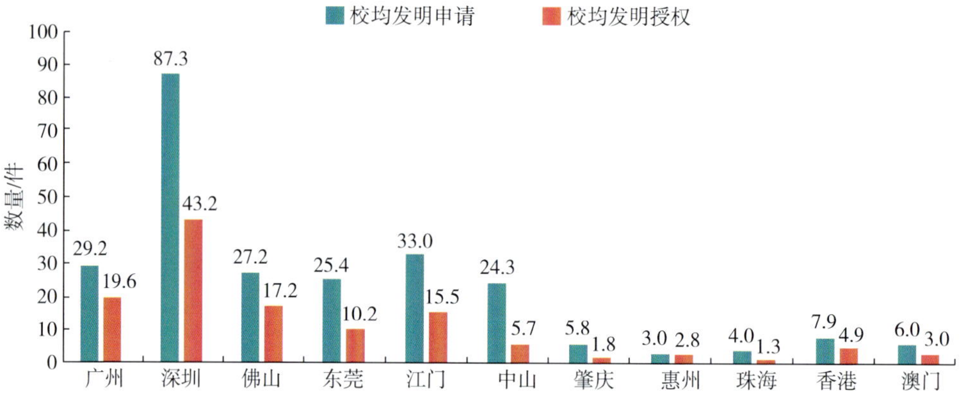

图 2-3-3　粤港澳大湾区各城市高校 2021 年 1—3 月校均公开发明情况

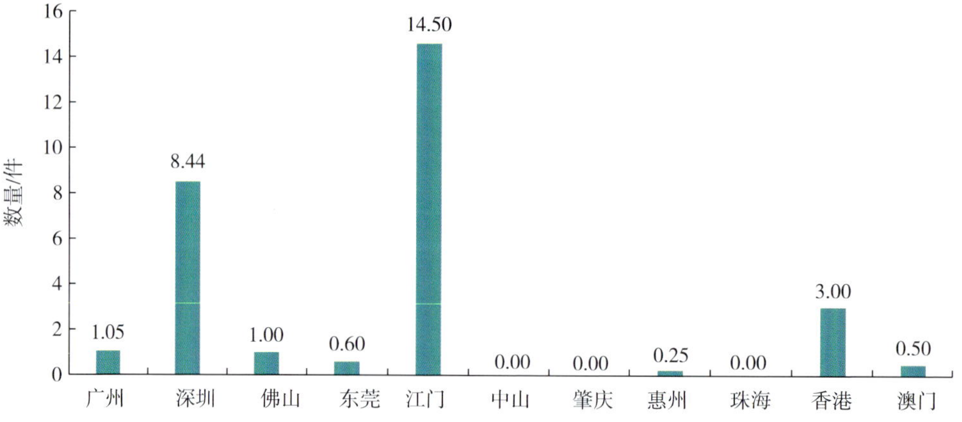

图 2-3-4　粤港澳大湾区各城市高校 2021 年 1—3 月校均 PCT 申请情况

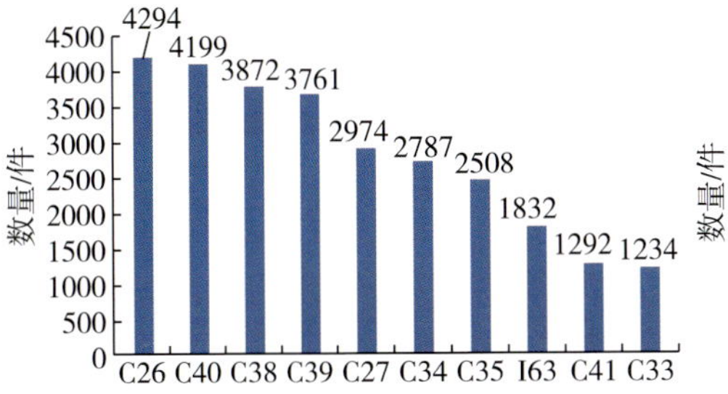

a　广州

［注：C26（化学原料和化学制品制造业）、C40（仪器仪表制造业）、C38（电气机械和器材制造业）、C39（计算机、通信和其他电子设备制造业）、C27（医药制造业）］

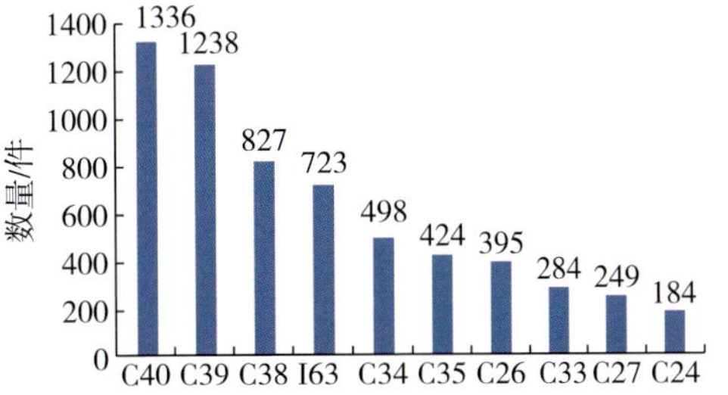

b　深圳

［注：C40（仪器仪表制造业）、C39（计算机、通信和其他电子设备制造业）、C38（电气机械和器材制造业）、I63（电信、广播电视和卫星传输服务）、C34（通用设备制造业）］

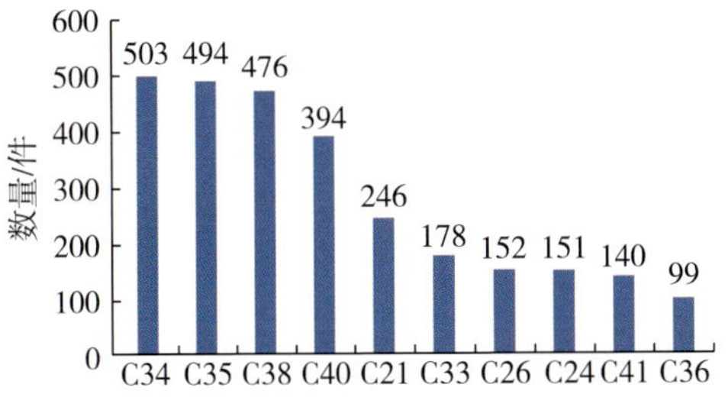

c　佛山

［注：C34（通用设备制造业）、C35（专用设备制造业）、C38（电气机械和器材制造业）、C40（仪器仪表制造业）、C21（家具制造业）］

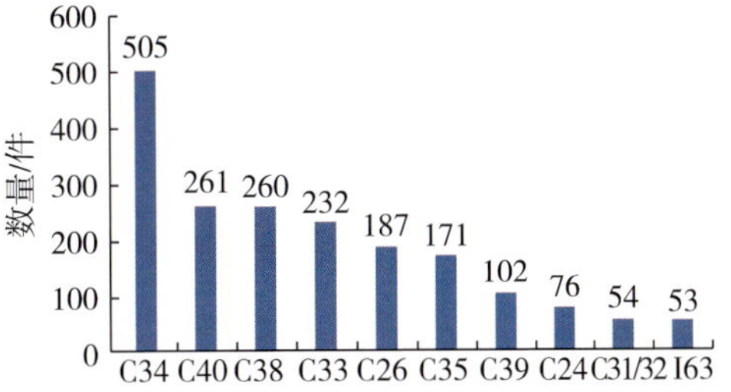

d　东莞

［注：C34（通用设备制造业）、C40（仪器仪表制造业）、C38（电气机械和器材制造业）、C33（金属制品业）、C26（化学原料和化学制品制造业）］

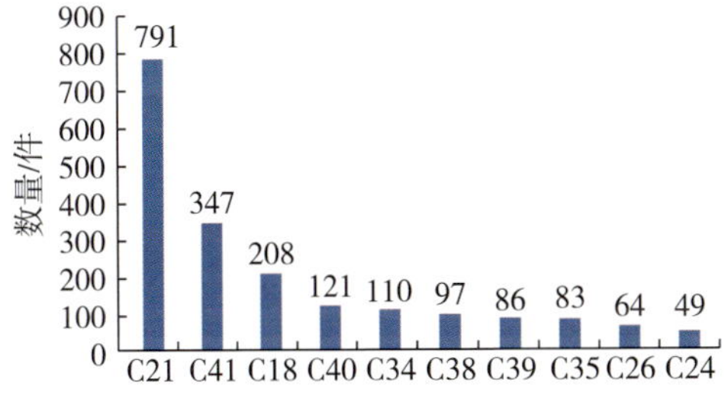

e　江门

［注：C21（家具制造业）、C41（其他制造业）、C18（纺织服装、服饰业）、C40（仪器仪表制造业）、C34（通用设备制造业）］

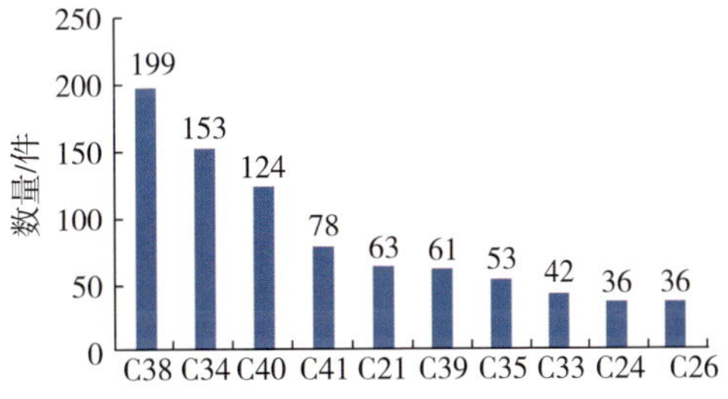

f　中山

［注：C38（电气机械和器材制造业）、C34（通用设备制造业）、C40（仪器仪表制造业）、C41（其他制造业）、C21（家具制造业）］

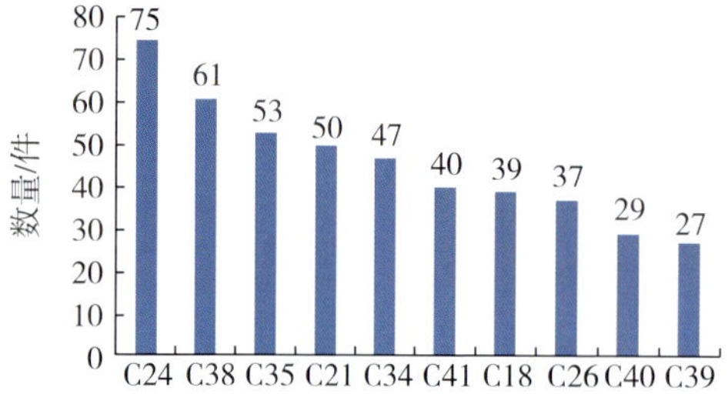

g　惠州

［注：C24（文教、工美、体育和娱乐用品制造业）、C38（电气机械和器材制造业）、C35（专用设备制造业）、C21（家具制造业）、C34（通用设备制造业）］

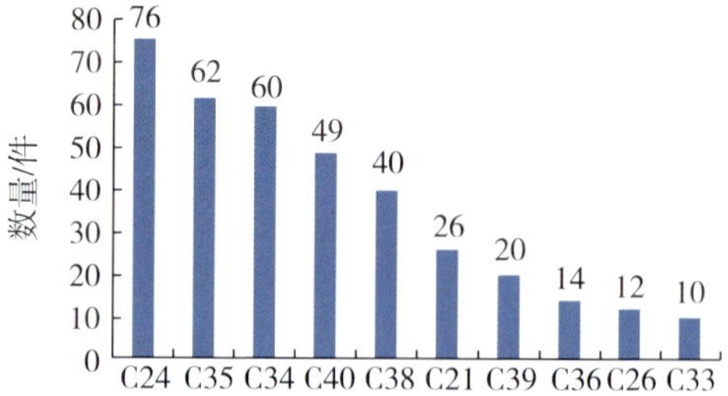

h　肇庆

［注：C24（文教、工美、体育和娱乐用品制造业）、C35（专用设备制造业）、C34（通用设备制造业）、C40（仪器仪表制造业）、C38（电气机械和器材制造业）］

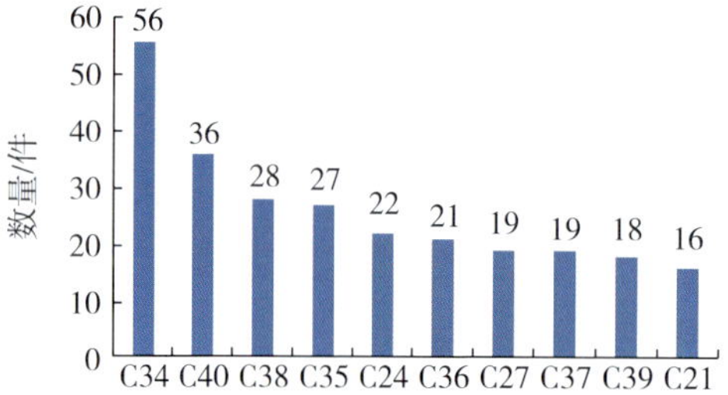

i　珠海

［注：C34（通用设备制造业）、C40（仪器仪表制造业）、C38（电气机械和器材制造业）、C35（专用设备制造业）、C24（文教、工美、体育和娱乐用品制造业）］

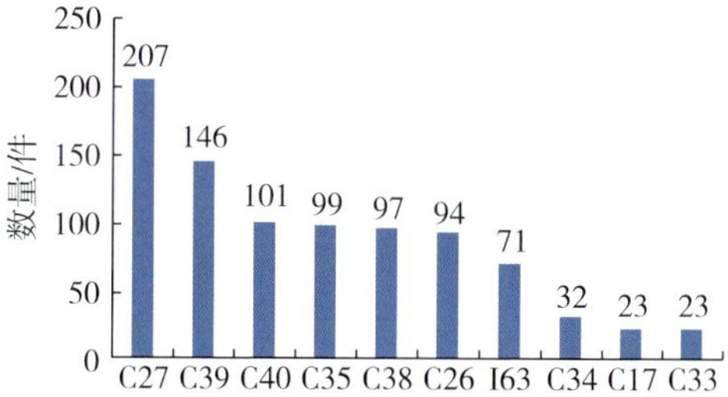

j　香港

［注：C27（医药制造业）、C39（计算机、通信和其他电子设备制造业）、C40（仪器仪表制造业）、C35（专用设备制造业）、C38（电气机械和器材制造业）］

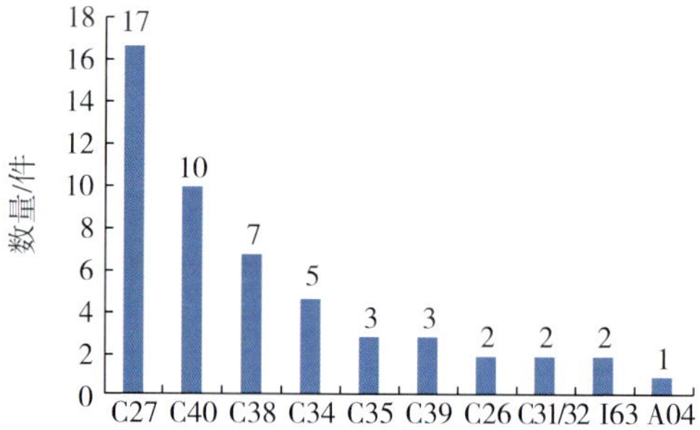

k　澳门

［注：C27（医药制造业）、C40（仪器仪表制造业）、C38（电气机械和器材制造业）、C34（通用设备制造业）、C35（专用设备制造业）］

图 2-3-5　粤港澳大湾区各城市高校 2021 年 1—3 月公开专利的国民经济分类

2.4 深圳市高校专利情况分析（2021 年 1—6 月）

2.4.1 深圳市高校公开专利总体概况

2021 年 1—6 月，深圳市高校国内专利公开量为 3062 件，其中发明专利、实用新型专利和外观设计专利分别为 2539 件、438 件和 85 件。发明专利包括发明申请专利 1711 件、发明授权专利 828 件。PCT 申请公开量为 153 件（表 2-4-1）。

表 2-4-1 深圳市高校 2021 年 1—6 月公开专利总体概况

单位：件

发明		实用新型	外观设计	PCT 申请
发明申请	发明授权			
1711	828	438	85	153
2539				

2.4.2 深圳市高校专利申请人及公开专利情况

2021 年 1—6 月，深圳市高校专利申请人及其公开专利类型和数量如图 2-4-1 所示。

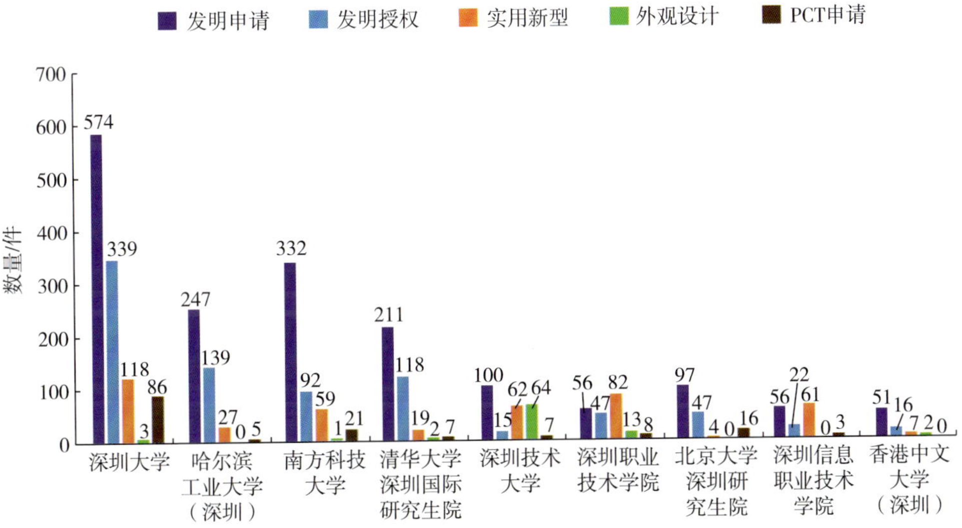

图 2-4-1 深圳市高校 2021 年 1—6 月专利公开量数据

2.4.3 深圳市各高校发明专利审结情况及授权率

表 2-4-2 显示出了深圳市各高校 2021 年 1—6 月的国内公开发明专利审结情况及发明专利授权率。

表 2-4-2 深圳市各高校 2021 年 1—6 月国内公开发明专利审结情况

单位：件

高校	授权量	驳回量	撤回量	授权率
深圳大学	339	122	23	70.0%
哈尔滨工业大学（深圳）	139	43	4	74.7%
清华大学深圳国际研究生院	118	39	8	71.5%
南方科技大学	92	33	4	71.3%
北京大学深圳研究生院	47	15	7	68.1%
深圳职业技术学院	47	21	14	57.3%
深圳信息职业技术学院	22	11	0	66.7%
香港中文大学（深圳）	16	1	0	94.1%
深圳技术大学	15	5	2	68.2%

2.4.4 深圳市各高校专利转让及许可情况

2021 年 1—6 月，深圳大学和南方科技大学发生转让及许可的专利数量相对较多。其中，深圳大学有 66 件专利发生转让，包括 61 件发明专利和 5 件实用新型专利；南方科技大学发生转让及许可的专利数量分别为 24 件和 55 件（图 2-4-2）。

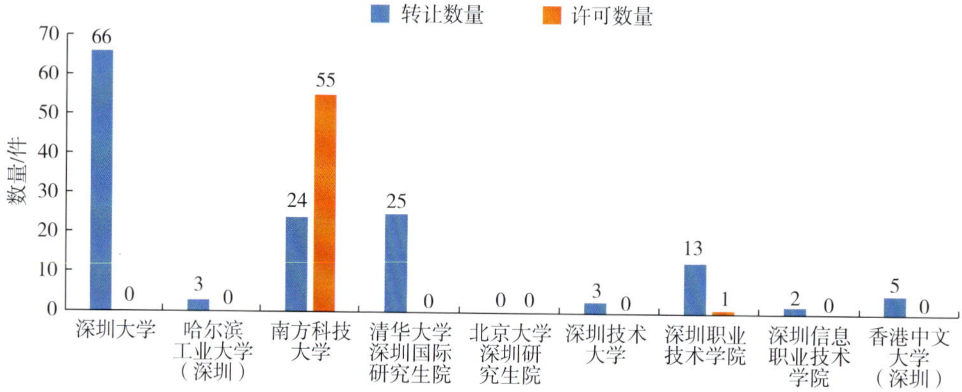

图 2-4-2 深圳市各高校 2021 年 1—6 月专利转让及许可情况

2.4.5 深圳市各高校授权专利维持有效情况

图 2-4-3 显示出了截至 2021 年 6 月 30 日深圳市各高校国内已授权专利的总量。

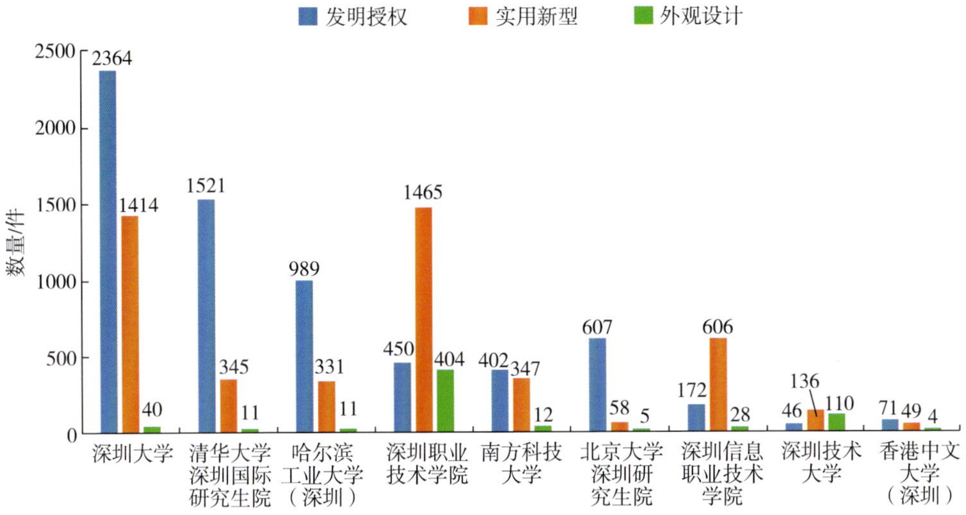

图 2-4-3　深圳市各高校国内已授权专利的总量（截至 2021 年 6 月 30 日）

图 2-4-4 显示出了截至 2021 年 6 月 30 日深圳市各高校国内授权专利中维持有效的专利总量。

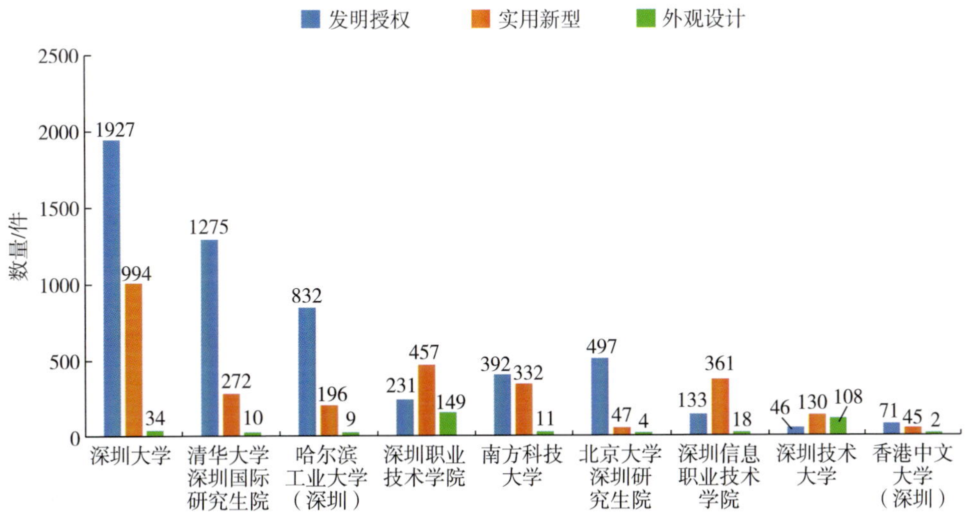

图 2-4-4　深圳市各高校国内授权专利中维持有效的专利总量（截至 2021 年 6 月 30 日）

图 2-4-5 显示出了截至 2021 年 6 月 30 日深圳市高校授权专利中维持有效的专利占比。

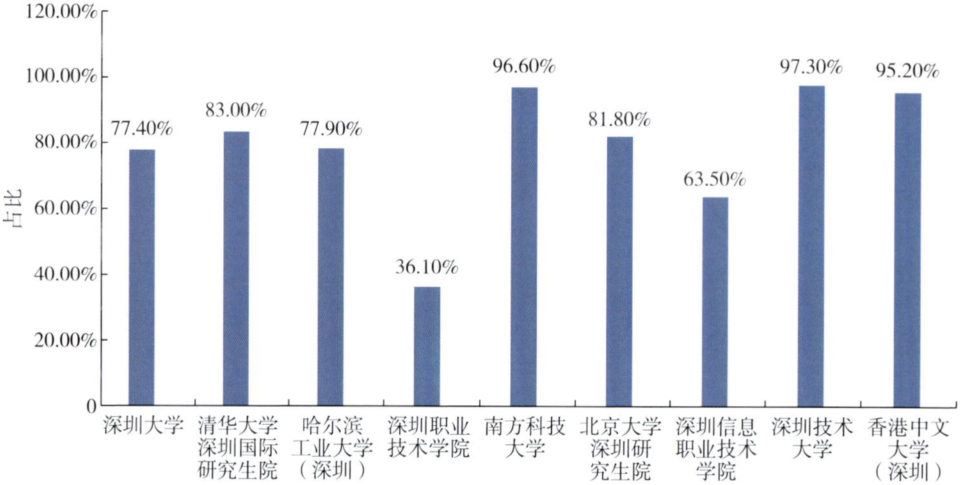

图 2-4-5　深圳市高校授权专利中维持有效的专利占比（截至 2021 年 6 月 30 日）

2.5　中国高校专利情况分析（2021 年 1—6 月）

2.5.1　中国（包括港澳台）高校公开专利总体概况

2021 年 1—6 月，中国（包括港澳台）高校国内专利申请公开量为 272 779 件，其中发明专利、实用新型专利、外观设计专利分别为 200 799 件、61 620 件和 10 360 件。发明专利包括发明申请专利 128 441 件、发明授权专利 72 358 件（表 2-5-1）。

表 2-5-1　中国（包括港澳台）高校 2021 年 1—6 月公开专利总体概况

单位：件

发明		实用新型	外观设计
发明申请	发明授权		
128 441	72 358	61 620	10 360
200 799			

2.5.2 中国（包括港澳台）高校发明专利审结情况及授权率

图 2-5-1 显示出了中国（包括港澳台）高校 2021 年 1—6 月的国内发明专利审结情况及发明专利授权率。2021 年 1—6 月，中国（包括港澳台）高校国内发明专利授权率为 64%。

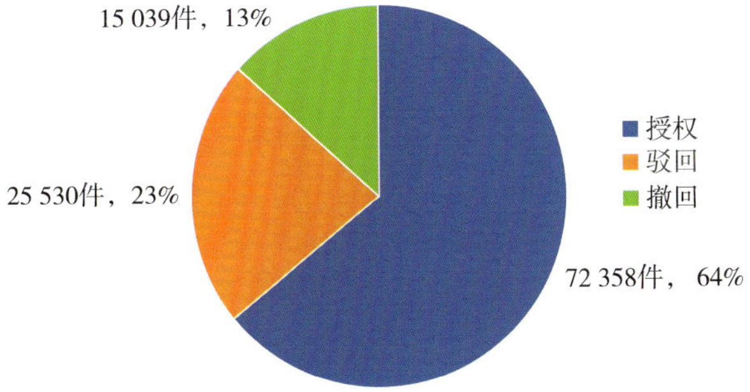

图 2-5-1 中国（包括港澳台）高校 2021 年 1—6 月国内发明专利审结情况

2.5.3 北京市高校公开专利总体概况

2021 年 1—6 月，北京市高校国内专利公开量达 21 104 件，其中发明专利、实用新型专利、外观设计专利分别为 19 502 件、1293 件和 309 件。发明专利包括发明申请专利 11 523 件、发明授权专利 7979 件。PCT 申请公开量为 317 件（表 2-5-2）。

表 2-5-2 北京市高校 2021 年 1—6 月公开专利总体概况

单位：件

发明		实用新型	外观设计	PCT 申请
发明申请	发明授权			
11 523	7979	1293	309	317
19 502				

图 2-5-2 显示出了 2021 年 1—6 月北京市专利公开量排名前十的高校国内公开专利情况。

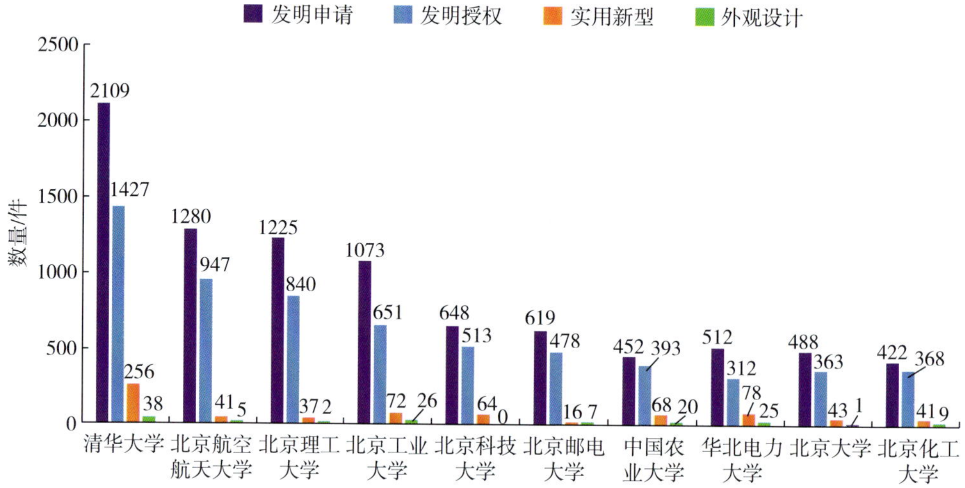

图 2-5-2　北京市专利公开量排名前十的高校国内公开专利情况（2021 年 1—6 月）

2.5.4　上海市高校公开专利总体概况

2021 年 1—6 月，上海市高校国内专利公开量达 11 536 件，其中发明专利、实用新型专利、外观设计专利分别为 10 287 件、1004 件和 245 件。发明专利包括发明申请专利 6854 件、发明授权专利 3433 件。PCT 申请公开量为 138 件（表 2-5-3）。

表 2-5-3　上海市高校 2021 年 1—6 月公开专利总体概况

单位：件

发明		实用新型	外观设计	PCT 申请
发明申请	发明授权			
6854	3433	1004	245	138
10 287				

图 2-5-3 显示出了 2021 年 1—6 月上海市专利公开量排名前十的高校国内公开专利情况。

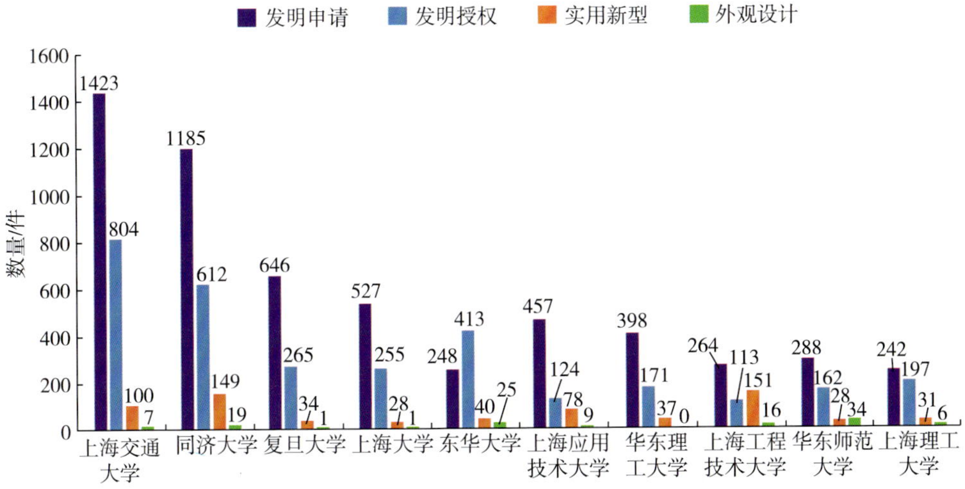

图 2-5-3　上海市专利公开量排名前十的高校国内公开专利情况（2021 年 1—6 月）

2.5.5　广州市高校公开专利总体概况

2021 年 1—6 月，广州市高校国内专利公开量达 11 244 件，其中发明专利、实用新型专利、外观设计专利分别为 8936 件、1732 件和 576 件。发明专利包括发明申请专利 5706 件、发明授权专利 3230 件。PCT 申请公开量为 188 件（表 2-5-4）。

表 2-5-4　广州市高校 2021 年 1—6 月公开专利总体概况

单位：件

发明		实用新型	外观设计	PCT 申请
发明申请	发明授权			
5706	3230	1732	576	188
8936				

图 2-5-4 显示出了 2021 年 1—6 月广州市专利公开量排名前十的高校国内公开专利情况。

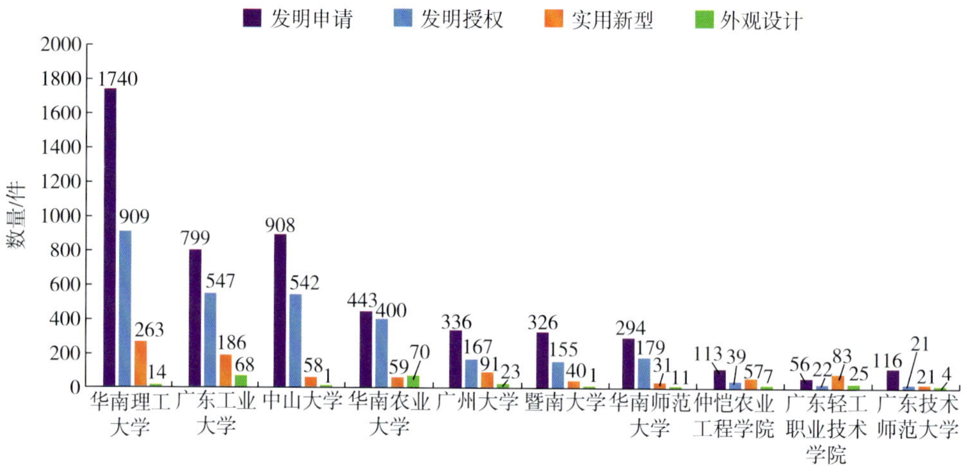

图 2-5-4　广州市专利公开量排名前十的高校国内公开专利情况（2021 年 1—6 月）

2.5.6　北上广深各城市高校公开专利情况比较分析

图 2-5-5 显示出了 2021 年 1—6 月北上广深各城市高校的各类国内公开专利及 PCT 申请的数量。

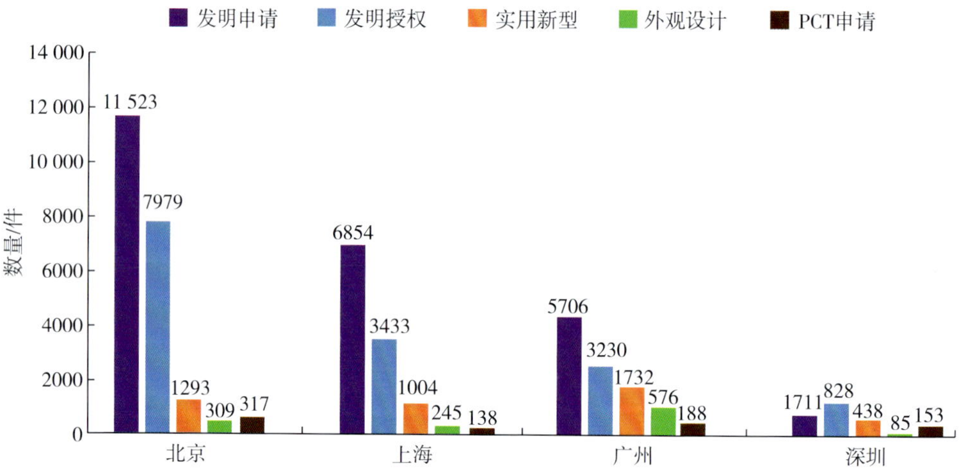

图 2-5-5　北上广深各城市高校 2021 年 1—6 月公开专利情况

图 2-5-6 显示出了北上广深各城市高校 2021 年 1—6 月发明申请、发明授权及 PCT 申请的校均数据，其中公开专利为发明申请专利、发明授权专利、实用新型专利和外观设计专利之和。

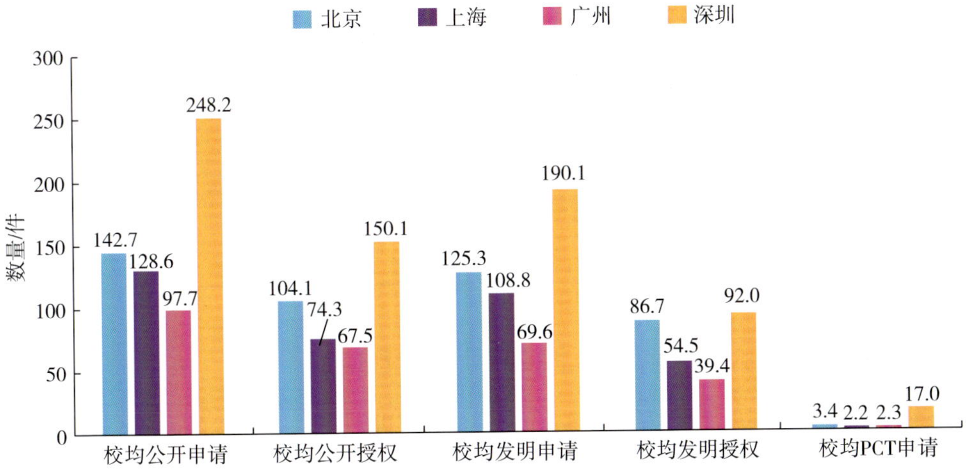

图 2-5-6　北上广深各城市高校 2021 年 1—6 月校均专利数据

表 2-5-5 显示出了北上广深各城市高校 2021 年 1—6 月的国内公开发明专利审结情况及发明专利授权率。

表 2-5-5　北上广深各城市高校 2021 年 1—6 月国内公开发明专利审结情况

单位：件

城市	授权量	驳回量	撤回量	授权率
北京	7979	1892	1208	72.02%
上海	3433	1302	695	63.22%
广州	3230	1399	474	63.30%
深圳	828	287	62	70.35%

2.6　粤港澳大湾区高校专利情况分析（2021 年 1—6 月）

2.6.1　粤港澳大湾区高校公开专利总体概况

2021 年 1—6 月，粤港澳大湾区高校国内专利公开量达 17 097 件，其中发明专利、实用新型专利、外观设计专利分别为 13 288 件、2900 件和 909 件。发明专利包括发明申请专利 8669 件、发明授权专利 4619 件。PCT 申请公开量为 449 件（表 2-6-1）。

表 2-6-1　粤港澳大湾区高校 2021 年 1—6 月公开专利总体概况

单位：件

发明		实用新型	外观设计	PCT 申请
发明申请	发明授权			
8669	4619	2900	909	449
13 288				

2.6.2　粤港澳大湾区各城市高校的公开专利情况

图 2-6-1 显示出了粤港澳大湾区各城市高校 2021 年 1—6 月的专利公开数据。

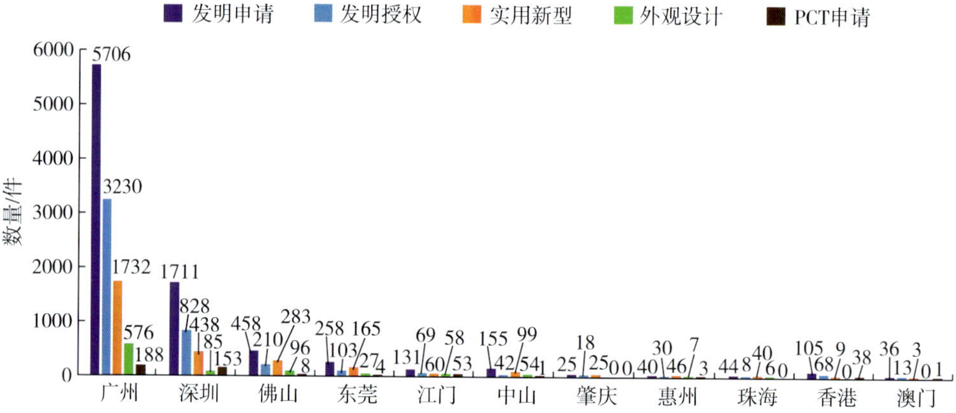

图 2-6-1　粤港澳大湾区各城市高校 2021 年 1—6 月专利公开数据

2.6.3　粤港澳大湾区各城市校均公开专利情况

对粤港澳大湾区各城市高校的专利数量按各城市高校数量取平均值，以对各城市高校 2021 年 1—6 月的专利产出情况进行比较（表 2-6-2）。

表 2-6-2　粤港澳大湾区各城市高校数量（2021 年 1—6 月）

单位：所

城市	广州	深圳	佛山	东莞	江门	中山	肇庆	惠州	珠海	香港	澳门
教育部高校名录中的数量	82	8	6	7	5	3	5	5	6	—	—

续表

城市	广州	深圳	佛山	东莞	江门	中山	肇庆	惠州	珠海	香港	澳门
2021 年 1—6 月有公开专利的高校数量	82	9	6	5	2	3	4	4	4	7	2

注：针对粤港澳大湾区各城市的校均公开专利情况进行分析，其中广州因高校众多，其数量取教育部高校名录中的高校数量，其他城市的高校数量为数据库中实际检索到的有专利公开的高校数量。香港和澳门的高校未在教育部高校名录中列出，只给出实际检索的数据。

图 2-6-2 至图 2-6-4 分别显示出了粤港澳大湾区各城市高校 2021 年 1—6 月的校均公开专利情况、校均公开发明情况、校均 PCT 申请情况。

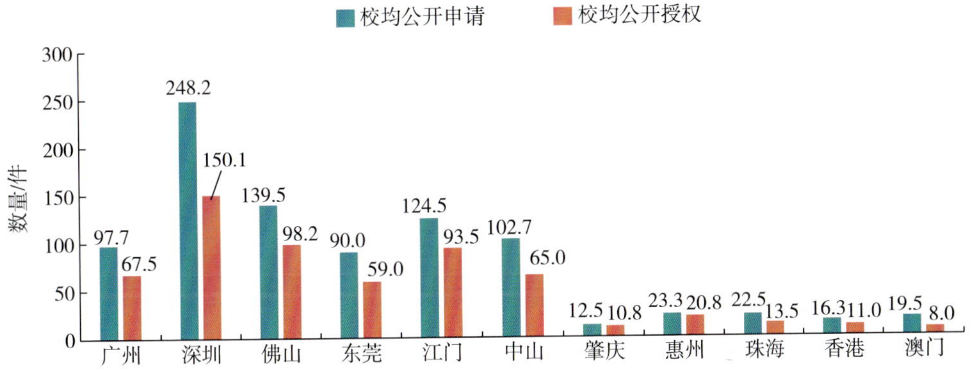

图 2-6-2　粤港澳大湾区各城市高校 2021 年 1—6 月校均公开专利情况

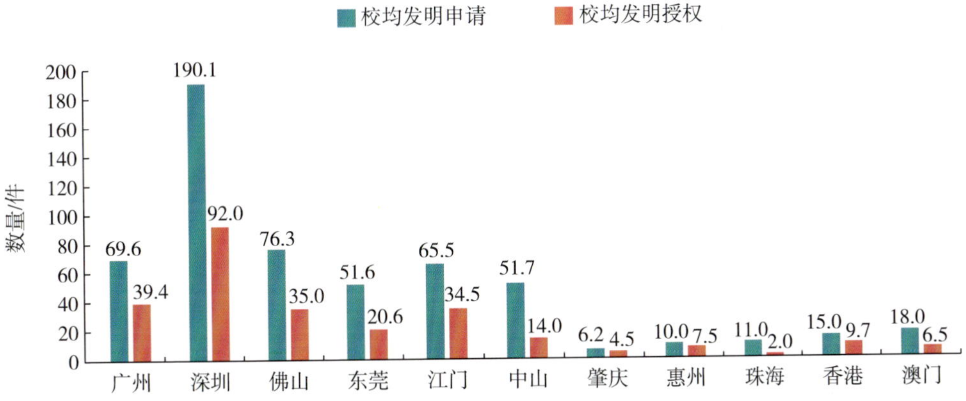

图 2-6-3　粤港澳大湾区各城市高校 2021 年 1—6 月校均公开发明情况

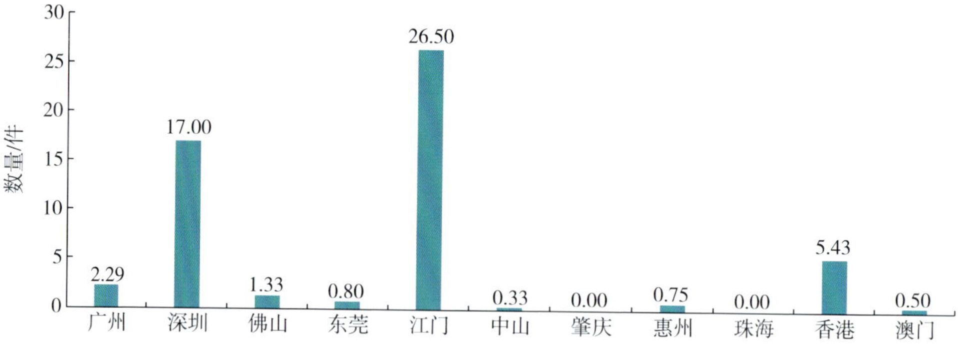

图 2-6-4 粤港澳大湾区各城市高校 2021 年 1—6 月校均 PCT 申请情况

2.6.4 粤港澳大湾区各城市高校发明专利审结情况及授权率

表 2-6-3 显示出了粤港澳大湾区各城市高校 2021 年 1—6 月的公开发明专利审结情况及发明专利授权率。

表 2-6-3 粤港澳大湾区各城市高校 2021 年 1—6 月公开发明专利审结情况

单位：件

城市	授权量	驳回量	撤回量	授权率
广州	3230	1399	474	63.30%
深圳	828	287	62	70.35%
佛山	210	251	44	41.58%
东莞	103	70	94	38.58%
江门	69	41	22	52.27%
中山	42	29	7	53.85%
肇庆	18	9	2	62.07%
惠州	30	15	7	57.69%
珠海	8	12	2	36.36%
香港	68	14	8	75.56%
澳门	13	0	1	92.86%

2.6.5 粤港澳大湾区各城市高校公开专利国民经济分类

图 2-6-5 显示出了粤港澳大湾区各城市高校 2021 年 1—6 月公开专利的国

民经济构成情况。其中，同一件专利可能涉及多个国民经济行业分类，故各行业分类下的专利数量之和会大于专利公开数量。

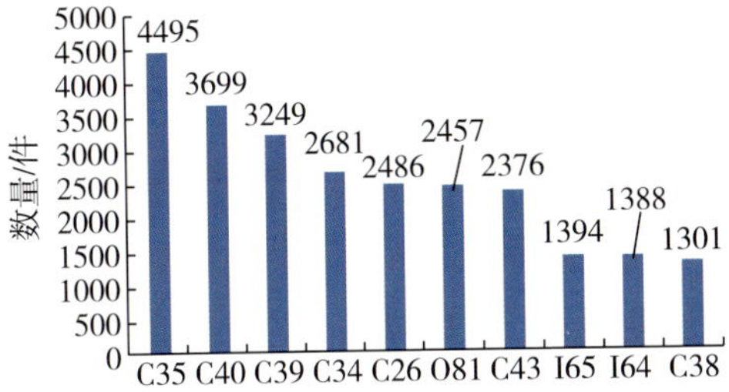

a　广州

［注：C35（专用设备制造业）、C40（仪器仪表制造业）、C39（计算机、通信和其他电子设备制造业）、C34（通用设备制造业）、C26（化学原料和化学制品制造业）］

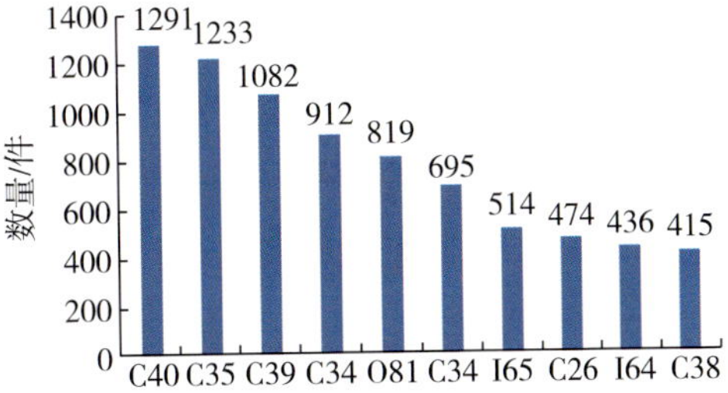

b　深圳

［注：C40（仪器仪表制造业）、C35（专用设备制造业）、C39（计算机、通信和其他电子设备制造业）、C34（通用设备制造业）、C43（金属制品、机械和设备修理业）］

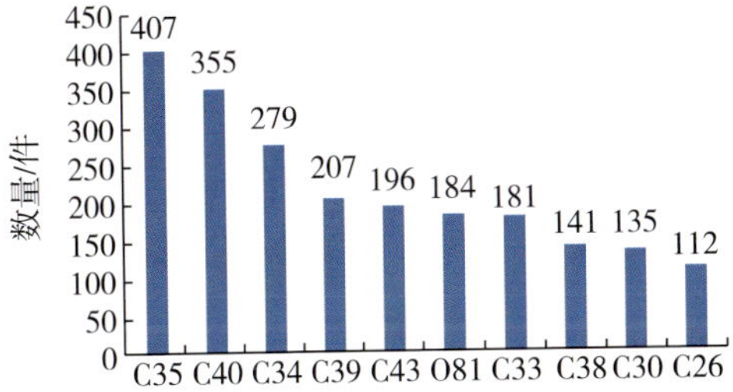

c　佛山

［注：C35（专用设备制造业）、C40（仪器仪表制造业）、C34（通用设备制造业）、C39（计算机、通信和其他电子设备制造业）、C43（金属制品、机械和设备修理业）］

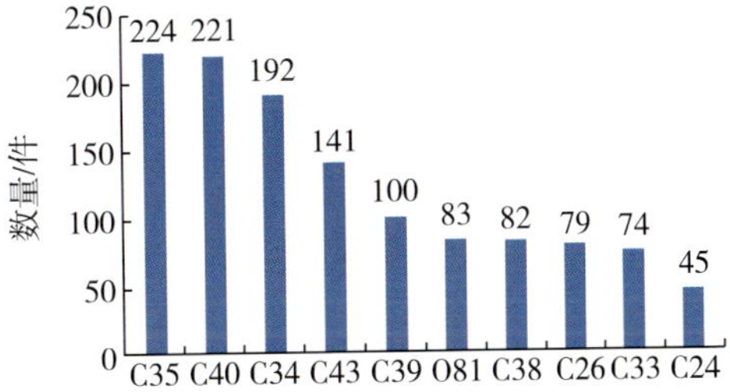

d　东莞

［注：C35（专用设备制造业）、C40（仪器仪表制造业）、C34（通用设备制造业）、C43（金属制品、机械和设备修理业）、C39（计算机、通信和其他电子设备制造业）］

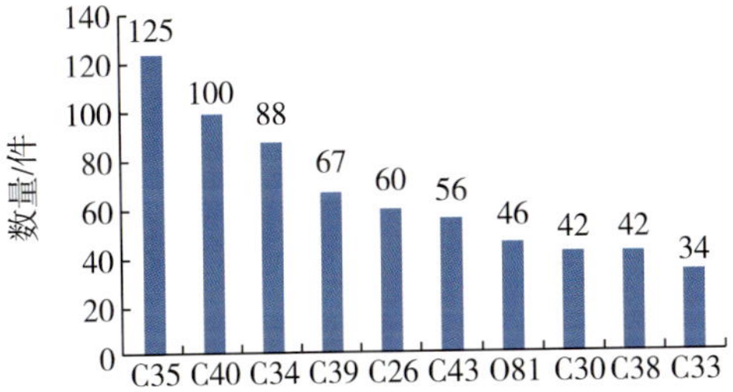

e　江门

［注：C35（专用设备制造业）、C40（仪器仪表制造业）、C34（通用设备制造业）、C39（计算机、通信和其他电子设备制造业）、C26（化学原料和化学制品制造业）］

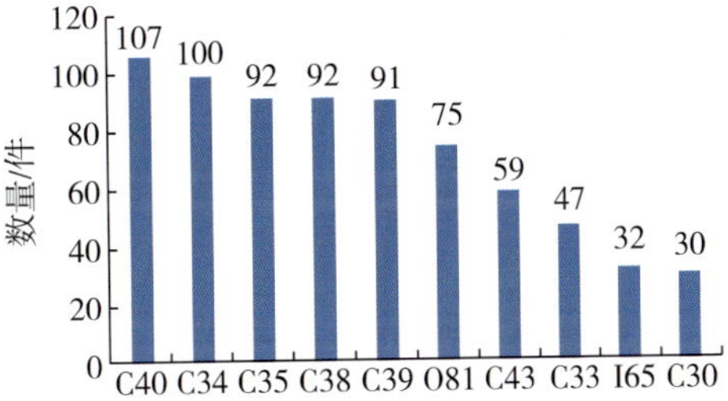

f　中山

［注：C40（仪器仪表制造业）、C34（通用设备制造业）、C35（专用设备制造业）、C38（电气机械和器材制造业）、C39（计算机、通信和其他电子设备制造业）］

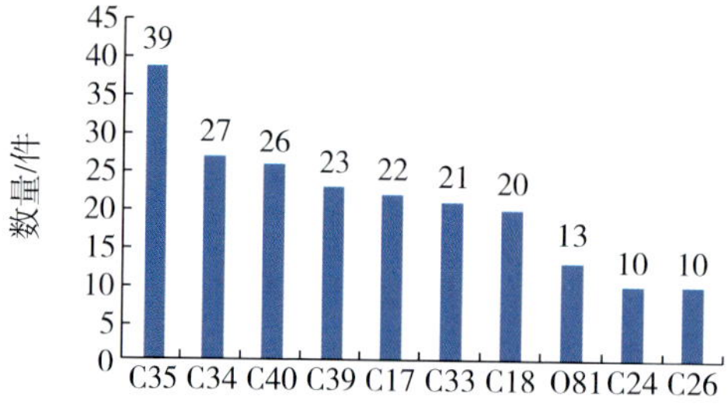

g　惠州

［注：C35（专用设备制造业）、C34（通用设备制造业）、C40（仪器仪表制造业）、C39（计算机、通信和其他电子设备制造业）、C17（纺织业）］

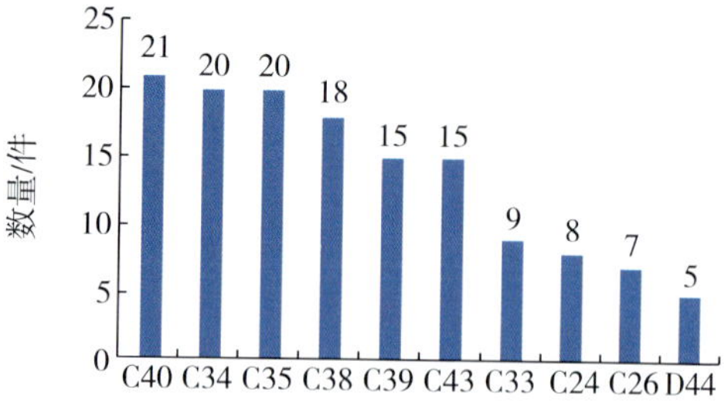

h　肇庆

［注：C40（仪器仪表制造业）、C34（通用设备制造业）、C35（专用设备制造业）、C38（电气机械和器材制造业）、C39（计算机、通信和其他电子设备制造业）］

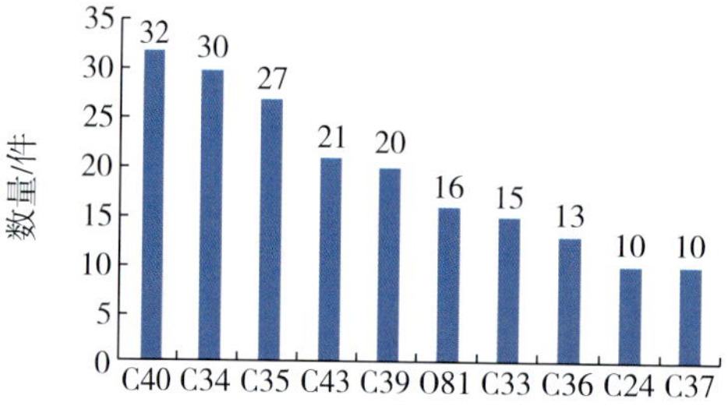

i　珠海

［注：C40（仪器仪表制造业）、C34（通用设备制造业）、C35（专用设备制造业）、C43（金属制品、机械和设备修理业）、C39（计算机、通信和其他电子设备制造业）］

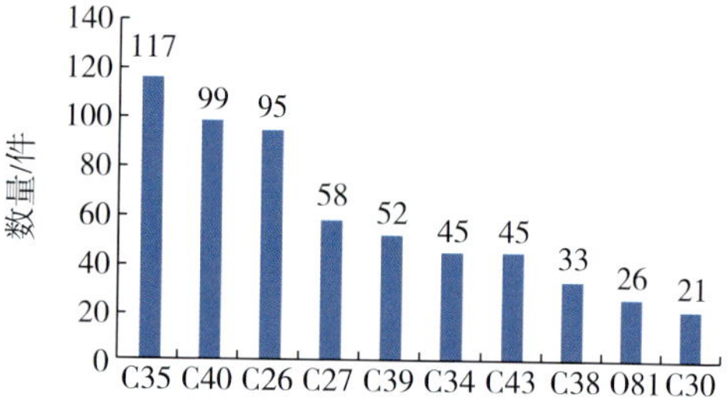

j　香港

［注：C35（专用设备制造业）、C40（仪器仪表制造业）、C26（化学原料和化学制品制造业）、C27（医药制造业）、C39（计算机、通信和其他电子设备制造业）］

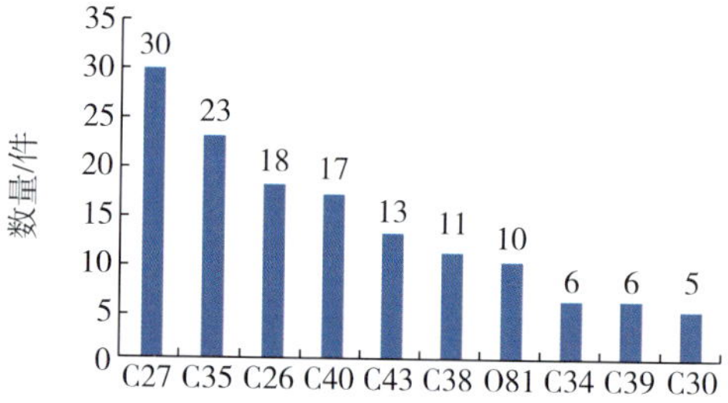

k　澳门

［注：C27（医药制造业）、C35（专用设备制造业）、C26（化学原料和化学制品制造业）、C40（仪器仪表制造业）、C43（金属制品、机械和设备修理业）］

图 2-6-5　粤港澳大湾区各城市高校 2021 年 1—6 月公开专利的国民经济分类

2.7 深圳市高校专利情况分析（2021 年 1—9 月）

2.7.1 深圳市高校公开专利总体概况

2021 年 1—9 月，深圳市高校国内专利公开量为 4799 件，其中发明专利、实用新型专利和外观设计专利分别为 4030 件、640 件和 129 件。发明专利包括发明申请专利 2708 件，发明授权专利 1322 件。PCT 申请公开量为 207 件。国外专利公开量为 146 件，其中美国专利公开量为 112 件（表 2-7-1）。

表 2-7-1 深圳市高校 2021 年 1—9 月公开专利总体概况

单位：件

发明		实用新型	外观设计	PCT 申请	国外专利
发明申请	发明授权				
2708	1322	640	129	207	146
4030					

2.7.2 深圳市高校专利申请人及公开专利情况

2021 年 1—9 月，深圳市高校专利申请人及其公开专利类型和数量如图 2-7-1 所示。

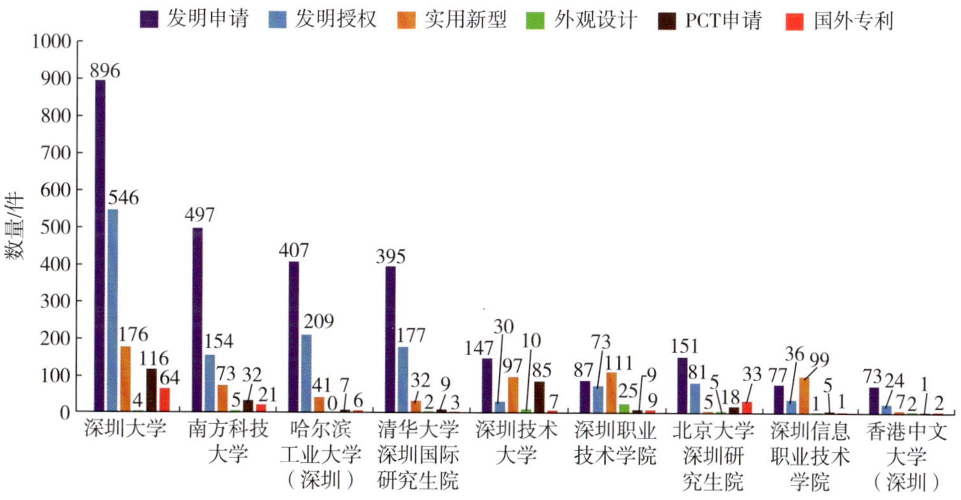

图 2-7-1 深圳市高校 2021 年 1—9 月专利公开量数据

2.7.3 深圳市各高校发明专利审结情况及授权率

表 2-7-2 显示出了深圳市各高校 2021 年 1—9 月的国内发明专利审结情况及发明专利授权率。

表 2-7-2 深圳市各高校 2021 年 1—9 月国内发明专利审结情况

单位：件

高校	授权量	驳回量	撤回量	授权率
深圳大学	546	202	33	69.9%
南方科技大学	154	49	6	73.7%
哈尔滨工业大学（深圳）	209	67	4	74.6%
清华大学深圳国际研究生院	177	59	13	71.1%
深圳技术大学	30	8	5	69.8%
深圳职业技术学院	73	28	17	61.9%
北京大学深圳研究生院	81	24	10	70.4%
深圳信息职业技术学院	36	14	5	65.5%
香港中文大学（深圳）	24	1	0	96.0%

2.7.4 深圳市各高校专利转让及许可情况

2021 年 1—9 月，深圳大学有 89 件专利发生转让；南方科技大学发生转让及许可的专利数量分别为 45 件和 85 件（图 2-7-2）。

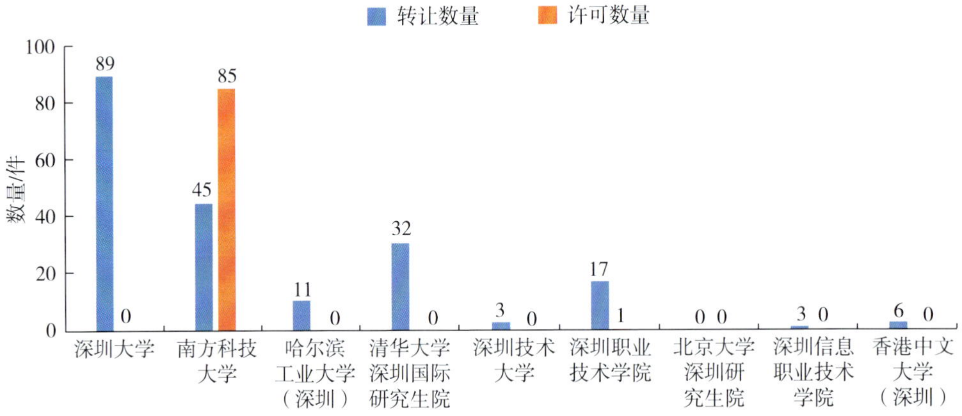

图 2-7-2 深圳市各高校 2021 年 1—9 月专利转让及许可情况

2.7.5　深圳市各高校授权专利维持有效情况

图 2-7-3 显示出了截至 2021 年 9 月 30 日，深圳市各高校国内授权专利维持有效情况。

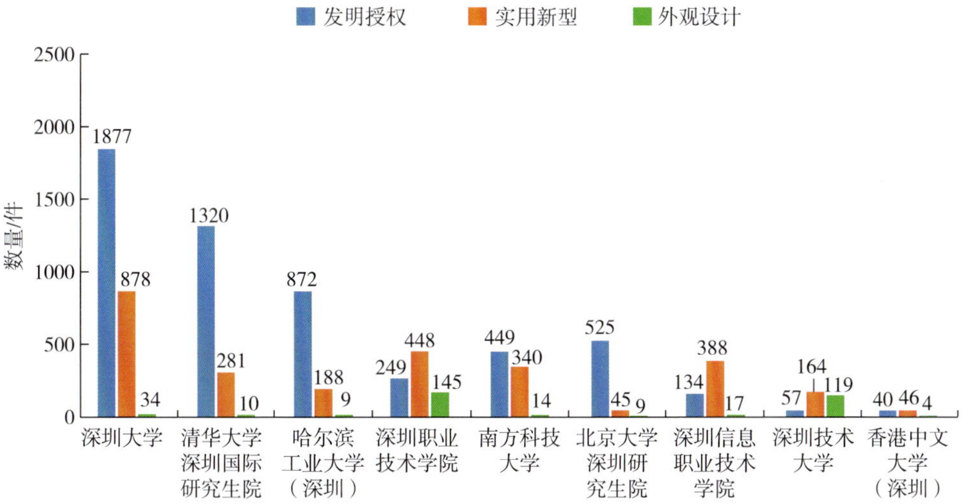

图 2-7-3　深圳市各高校国内授权专利维持有效量（截至 2021 年 9 月 30 日）

图 2-7-4 显示出了截至 2021 年 9 月 30 日，深圳市高校授权专利中维持有效的专利占比。

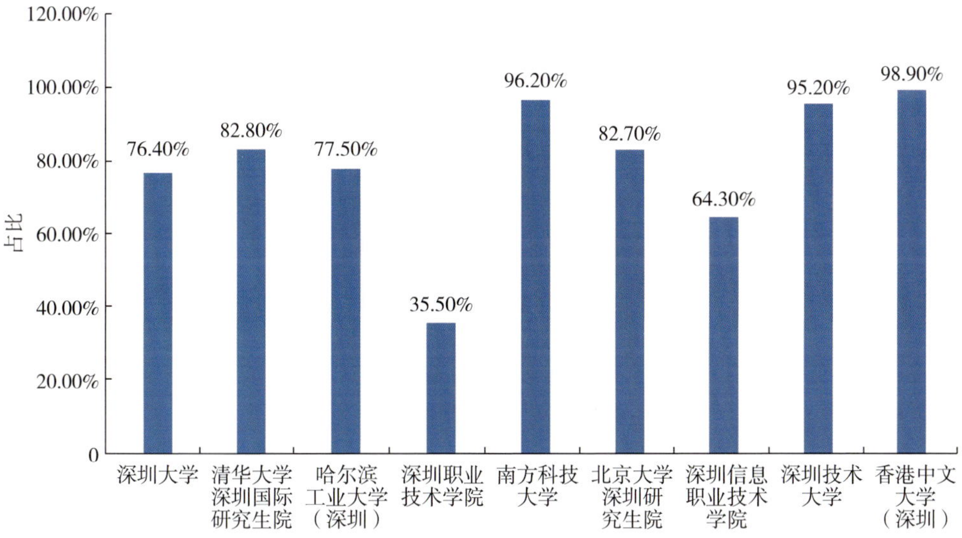

图 2-7-4　深圳市高校授权专利中维持有效的专利占比（截至 2021 年 9 月 30 日）

2.8 中国高校专利情况分析(2021 年 1—9 月)

2.8.1 中国(包括港澳台)高校公开专利总体概况

2021 年 1—9 月，中国(包括港澳台)高校国内专利公开量为 429 399 件，其中发明专利、实用新型专利、外观设计专利分别为 312 639 件、100 568 件和 16 192 件。发明专利包括发明申请专利 199 607 件，发明授权专利 113 032 件(表 2-8-1)。

表 2-8-1 中国(包括港澳台)高校 2021 年 1—9 月公开专利总体概况

单位：件

<table>
<tr><th colspan="2">发明</th><th rowspan="2">实用新型</th><th rowspan="2">外观设计</th></tr>
<tr><th>发明申请</th><th>发明授权</th></tr>
<tr><td>199 607</td><td>113 032</td><td rowspan="2">100 568</td><td rowspan="2">16 192</td></tr>
<tr><td colspan="2">312 639</td></tr>
</table>

2.8.2 中国(包括港澳台)高校发明专利审结情况及授权率

图 2-8-1 显示出了中国高(包括港澳台)校 2021 年 1—9 月的国内发明专利审结情况及发明专利授权率。2021 年 1—9 月，中国(包括港澳台)高校国内发明专利授权率为 64%。

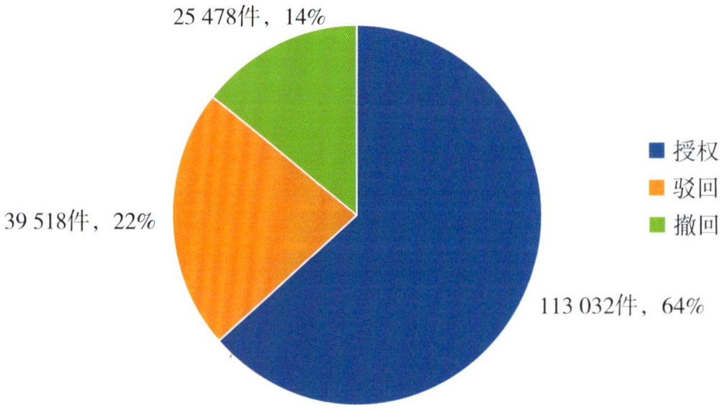

图 2-8-1 中国(港澳台)高校 2021 年 1—9 月国内发明专利审结情况

2.8.3 北京市高校公开专利总体概况

2021 年 1—9 月，北京市高校国内专利公开量达 32 472 件，其中发明专利、实用新型专利、外观设计专利分别为 29 845 件、2122 件和 505 件。发明专利包括发明申请专利 18 083 件，发明授权专利 11 762 件。PCT 申请公开量为 470 件。国外专利公开量为 1183 件，其中美国专利公开量为 617 件（表 2-8-2）。

表 2-8-2　北京市高校 2021 年 1—9 月公开专利总体概况

单位：件

发明		实用新型	外观设计	PCT 申请	国外专利
发明申请	发明授权				
18 083	11 762	2122	505	470	1183
29 845					

图 2-8-2 显示出了 2021 年 1—9 月北京市专利公开量排名前十的高校公开专利情况。

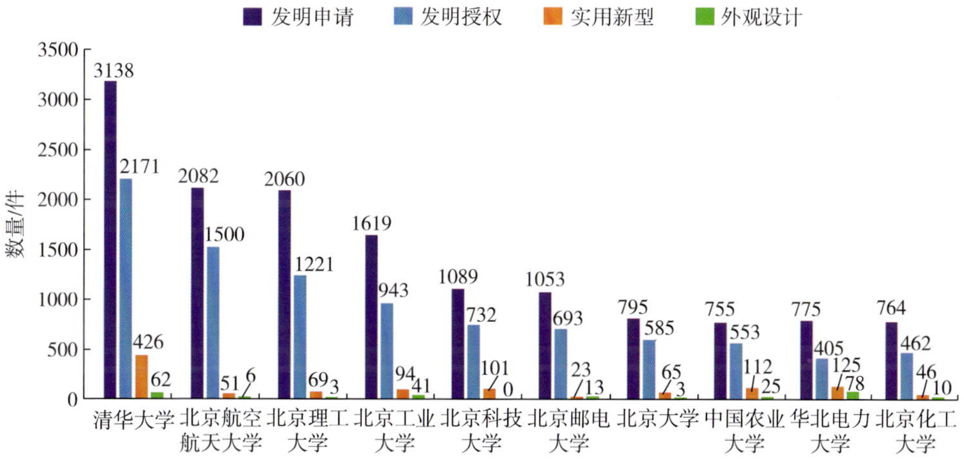

图 2-8-2　北京市专利公开量排名前十的高校公开专利情况（2021 年 1—9 月）

2.8.4 上海市高校公开专利总体概况

2021 年 1—9 月，上海市高校国内专利公开量达 18 495 件，其中发明专利、实用新型专利、外观设计专利分别为 16 531 件、1625 件和 339 件。发明专利包括发明申请专利 10 821 件，发明授权专利 5710 件。PCT 申请公开量为 211 件。国外专利公开量为 393 件，其中美国专利公开量为 209 件（表 2-8-3）。

表 2-8-3　上海市高校 2021 年 1—9 月公开专利总体概况

单位：件

发明		实用新型	外观设计	PCT 申请	国外专利
发明申请	发明授权				
10 821	5710	1625	339	211	393
16 531					

图 2-8-3 显示出了 2021 年 1—9 月上海市专利公开量排名前九的高校公开专利情况。

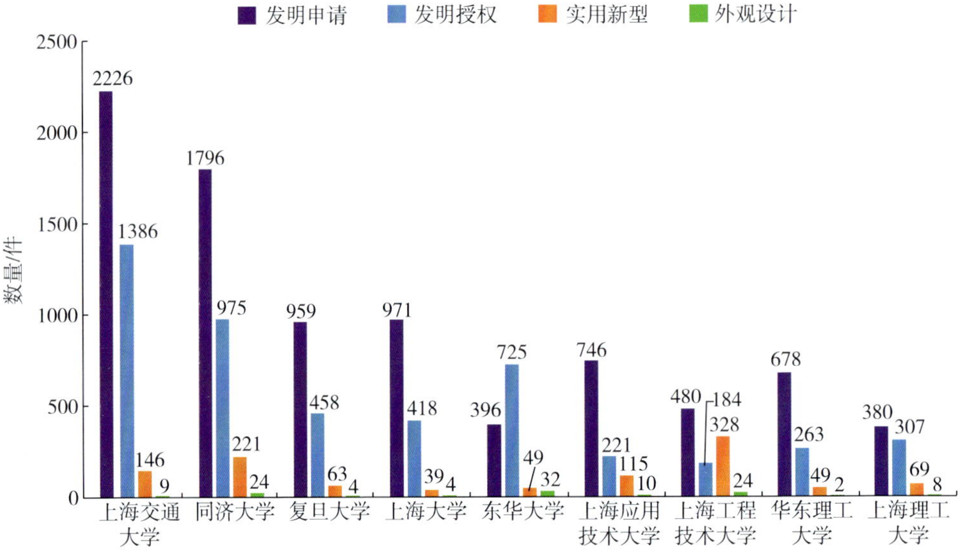

图 2-8-3　上海市专利公开量排名前九的高校公开专利情况（2021 年 1—9 月）

2.8.5　广州市高校公开专利总体概况

2021 年 1—9 月，广州市高校国内专利公开量达 18 346 件，其中发明专利、实用新型专利、外观设计专利分别为 14 703 件、2814 件和 829 件。发明专利包括发明申请专利 9231 件，发明授权专利 5472 件。PCT 申请公开量为 313 件。国外专利公开量为 331 件，其中美国专利公开量为 213 件（表 2-8-4）。

表 2-8-4　广州市高校 2021 年 1—9 月公开专利总体概况

单位：件

<table>
<tr><th colspan="2">发明</th><th rowspan="2">实用新型</th><th rowspan="2">外观设计</th><th rowspan="2">PCT 申请</th><th rowspan="2">国外专利</th></tr>
<tr><th>发明申请</th><th>发明授权</th></tr>
<tr><td>9231</td><td>5472</td><td rowspan="2">2814</td><td rowspan="2">829</td><td rowspan="2">313</td><td rowspan="2">331</td></tr>
<tr><td colspan="2">14 703</td></tr>
</table>

图 2-8-4 显示出了 2021 年 1—9 月广州市专利公开量排名前十的高校公开专利情况。

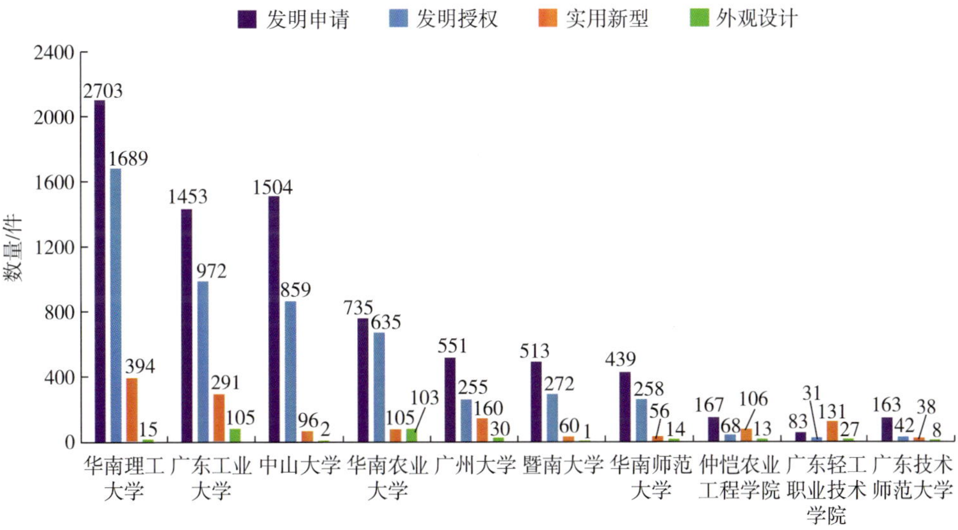

图 2-8-4　广州市专利公开量排名前十的高校公开专利情况（2021 年 1—9 月）

2.8.6　北上广深各城市高校公开专利情况比较分析

图 2-8-5 显示出了 2021 年 1—9 月北上广深各城市高校的各类国内公开专

利及 PCT 申请的数量。

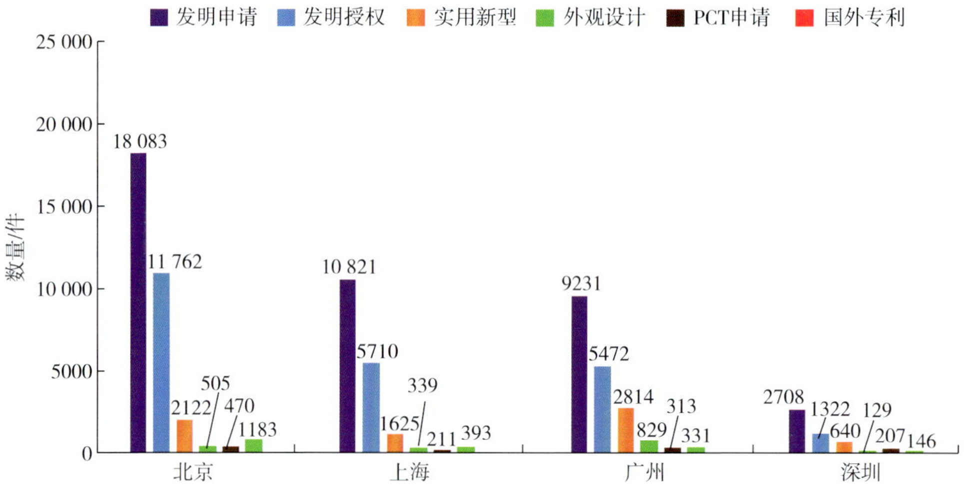

图 2-8-5　北上广深各城市高校 2021 年 1—9 月专利公开数据

图 2-8-6 显示出了北上广深各城市高校 2021 年 1—9 月公开申请、公开授权、发明申请、发明授权的校均国内公开专利数据。其中，公开申请专利包括发明申请专利、实用新型专利和外观设计专利，公开授权专利包括发明授权专利、实用新型专利和外观设计专利。

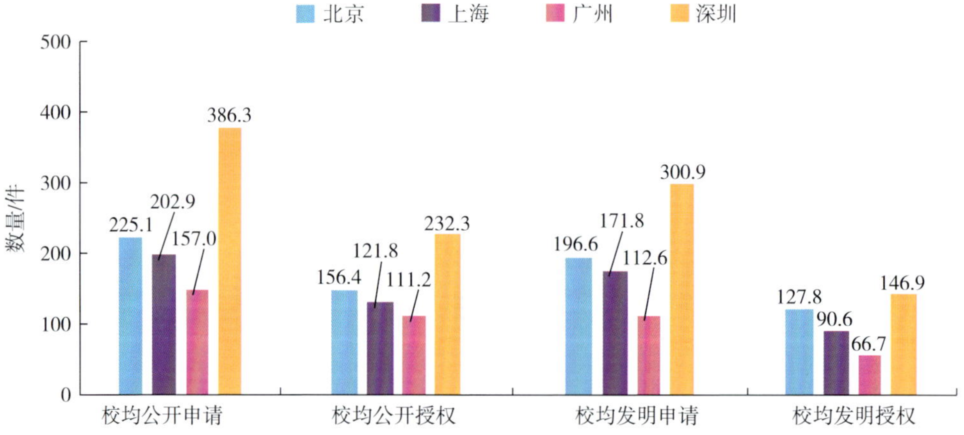

图 2-8-6　北上广深各城市高校 2021 年 1—9 月校均国内公开专利数据

图 2-8-7 显示出了北上广深各城市高校 2021 年 1—9 月校均国际公开专利数据。

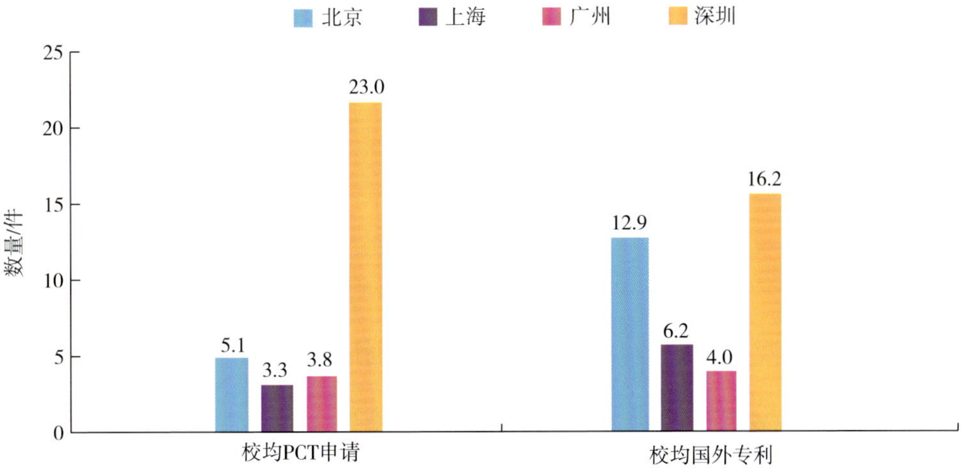

图 2-8-7 北上广深各城市高校 2021 年 1—9 月校均国际公开专利数据

表 2-8-5 显示出了北上广深各城市高校 2021 年 1—9 月的国内发明专利审结情况。

表 2-8-5 北上广深各城市高校 2021 年 1—9 月国内发明专利审结情况

单位：件

城市	授权量	驳回量	撤回量	授权率
北京	11 762	3137	1701	70.86%
上海	5710	2103	1007	64.74%
广州	5472	2088	728	66.02%
深圳	1322	449	93	70.92%

2.9 粤港澳大湾区高校专利情况分析（2021 年 1—9 月）

2.9.1 粤港澳大湾区高校公开专利总体概况

2021 年 1—9 月，粤港澳大湾区高校国内专利公开量达 27 335 件，其中发明专利、实用新型专利、外观设计专利分别为 21 484 件、4544 件和 1307 件。发明专利包括发明申请专利 13 783 件，发明授权专利 7701 件。PCT 申请公开量为 697 件，国外公开专利为 975 件（表 2-9-1）。

表 2-9-1　粤港澳大湾区高校 2021 年 1—9 月公开专利总体概况

单位：件

发明		实用新型	外观设计	PCT 申请	国外专利
发明申请	发明授权				
13 783	7701	4544	1307	697	975
21 484					

2.9.2　粤港澳大湾区各城市高校的公开专利情况

图 2-9-1 显示出了粤港澳大湾区各城市高校 2021 年 1—9 月的专利公开类型及数量。

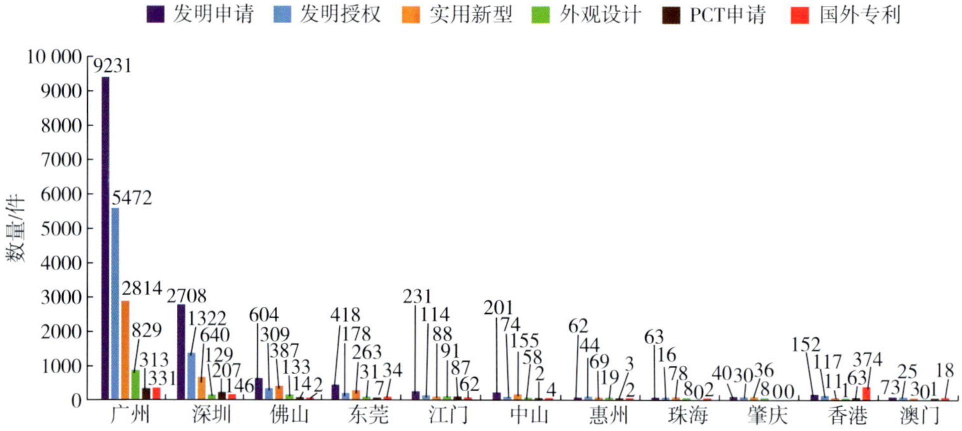

图 2-9-1　粤港澳大湾区各城市高校 2021 年 1—9 月专利公开数据

2.9.3　粤港澳大湾区各城市校均公开专利情况

对粤港澳大湾区各城市高校的专利数量按各城市高校数量取平均值，以对各城市高校 2021 年 1—9 月的专利产出情况进行比较（表 2-9-2）。

表 2-9-2　粤港澳大湾区各城市高校数量（2021 年 1—9 月）

单位：所

城市	广州	深圳	佛山	东莞	江门	中山	惠州	珠海	肇庆	香港	澳门
教育部高校名录中的数量	82	8	6	7	5	3	5	6	5	—	—

续表

城市	广州	深圳	佛山	东莞	江门	中山	惠州	珠海	肇庆	香港	澳门
2021年1—9月有公开专利的高校数量	82	9	6	6	3	3	5	6	4	7	4

注：针对粤港澳大湾区各城市的校均公开专利情况进行分析，其中广州因高校众多，其数量取教育部高校名录中的高校数量，其他城市的高校数量为数据库中实际检索到的有专利公开的高校数量。香港和澳门的高校未在教育部高校名录中列出，只给出实际检索的数据。

图2-9-2至图2-9-4分别显示出了粤港澳大湾区各城市高校2021年1—9月的校均公开专利情况、校均公开发明情况、校均国际专利情况。

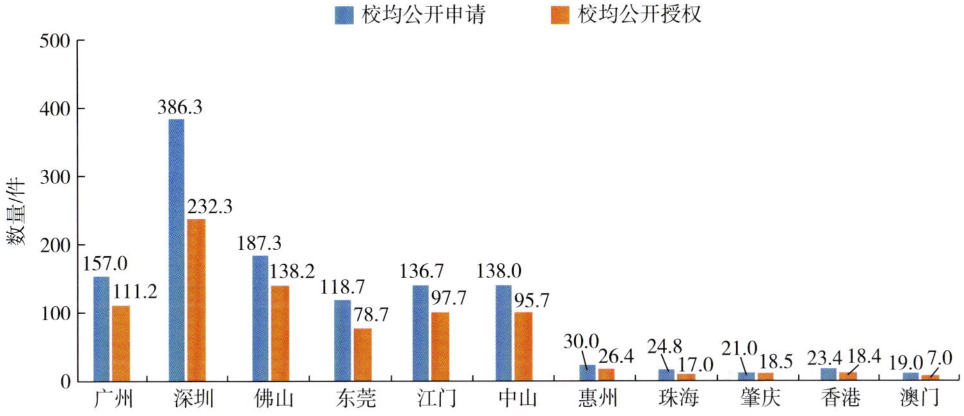

图2-9-2　粤港澳大湾区各城市高校2021年1—9月校均公开专利情况

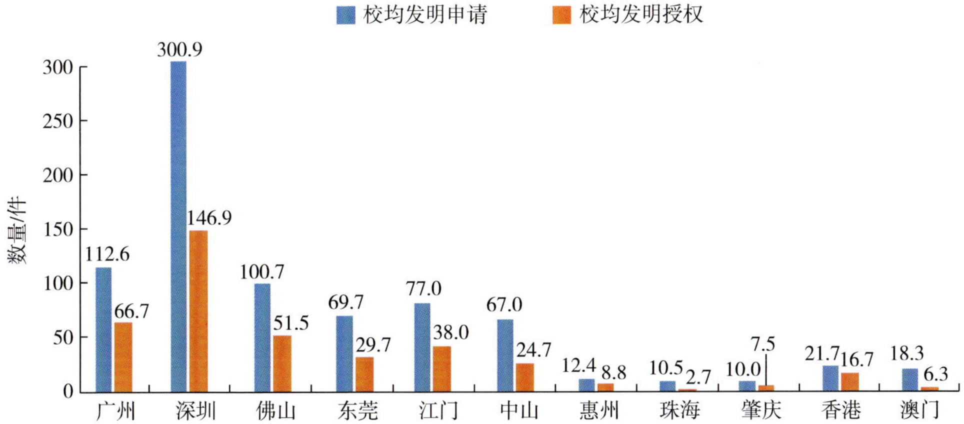

图2-9-3　粤港澳大湾区各城市高校2021年1—9月校均公开发明情况

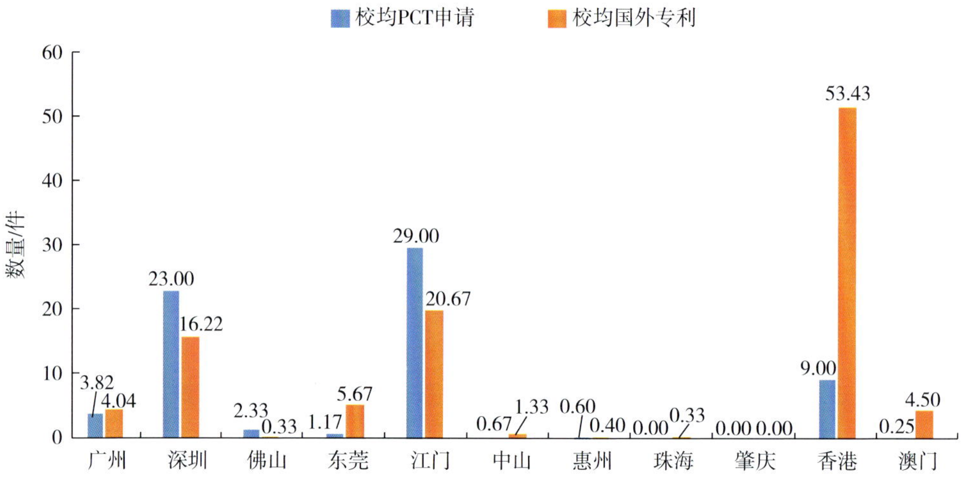

图 2-9-4　粤港澳大湾区各城市高校 2021 年 1—9 月校均国际专利情况

2.9.4　粤港澳大湾区各城市高校发明专利审结情况及授权率

表 2-9-3 显示出了粤港澳大湾区各城市高校 2021 年 1—9 月的公开发明专利审结情况。

表 2-9-3　粤港澳大湾区各城市高校 2021 年 1—9 月公开发明专利审结情况

城市	授权量	驳回量	撤回量	授权率
广州	5472	2088	728	66.02%
深圳	1322	449	93	70.92%
佛山	309	387	96	39.02%
东莞	178	134	128	40.45%
江门	114	65	57	48.31%
中山	74	40	11	59.20%
惠州	44	24	16	52.38%
珠海	16	18	2	44.44%
肇庆	30	17	4	58.82%
香港	117	17	16	78.00%
澳门	25	0	1	96.15%

2.10 深圳市高校专利情况分析（2021 年 1—12 月）

2.10.1 深圳市高校公开专利总体概况

2021 年，深圳市高校专利公开量共计 6948 件，包括中国专利 6483 件，中国港澳台专利 4 件，国外专利 188 件，PCT 申请 273 件（图 2-10-1）。

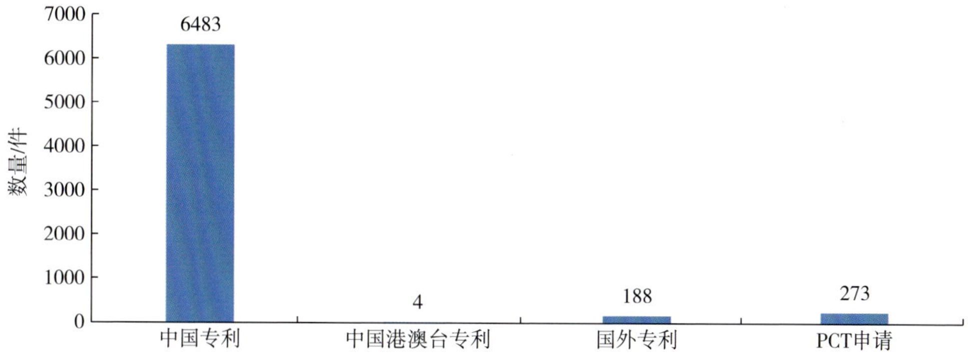

图 2-10-1 深圳市高校 2021 年专利公开量数据

深圳市高校 2021 年中国专利包括发明专利 5324 件，其中发明授权专利 1709 件；实用新型专利 982 件；外观设计专利 177 件（图 2-10-2）。

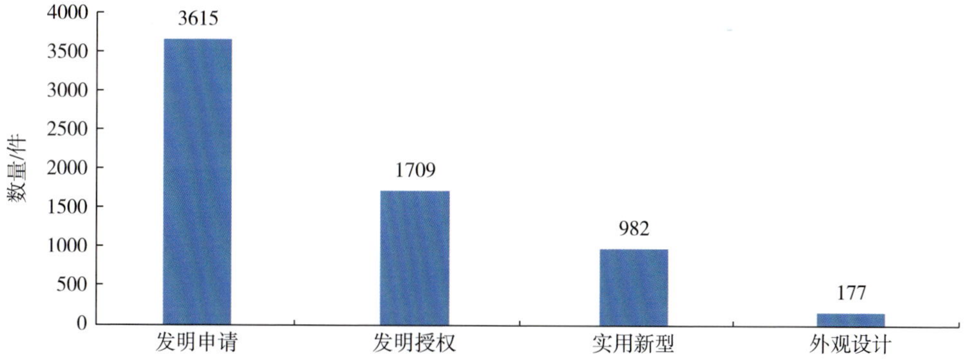

图 2-10-2 深圳市高校 2021 年中国专利公开量数据

2.10.2 深圳市高校专利申请人及公开专利情况

2021 年，深圳市高校专利的主要申请人包括深圳大学、南方科技大学、哈尔滨工业大学（深圳）、清华大学深圳国际研究生院、深圳技术大学、深圳职业技术学院、北京大学深圳研究生院、深圳信息职业技术学院、香港中文大学（深圳）、中山大学（深圳）[①]，图 2-10-3 显示出了各高校的中国专利、中国港澳台专利、国外专利及 PCT 申请的公开量数据。

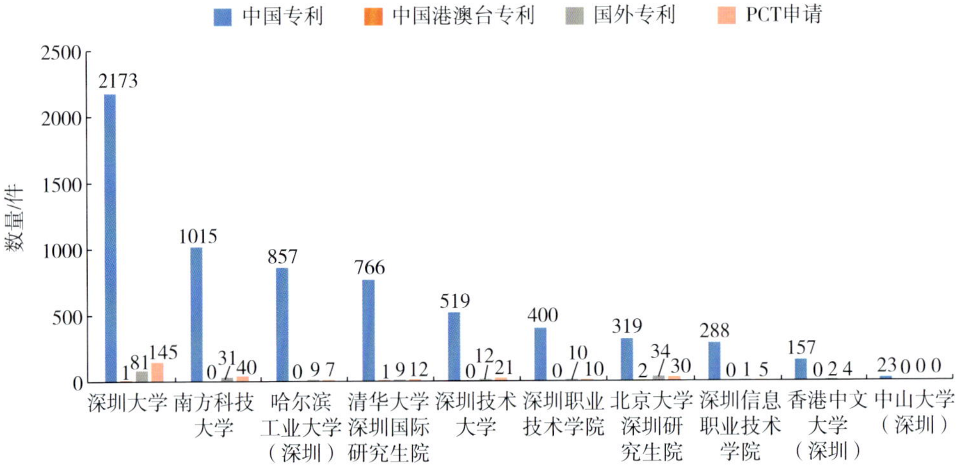

图 2-10-3　深圳市各高校 2021 年全球专利公开数据

深圳市各高校中国专利的专利类型及公开量数据如图 2-10-4 所示。

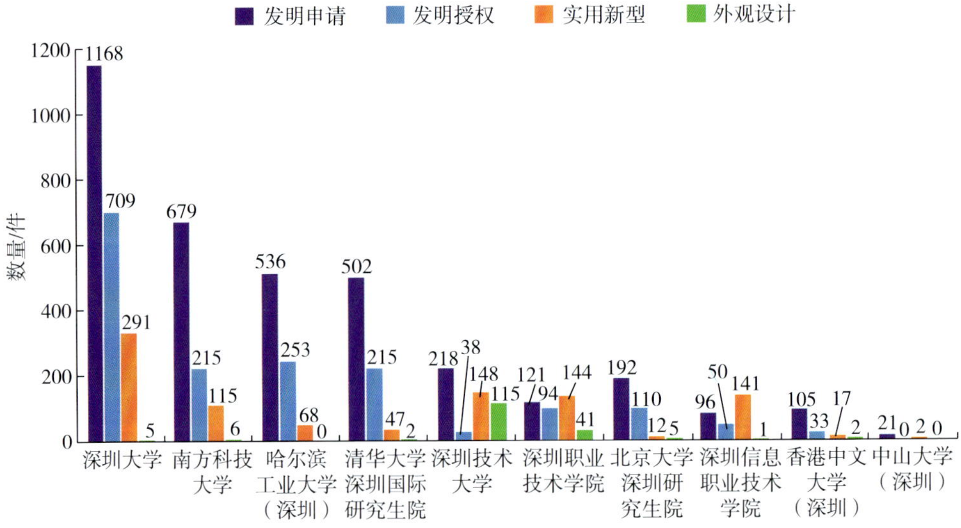

图 2-10-4　深圳市各高校 2021 年中国专利公开数据

① 中山大学（深圳）于 2015 年 7 月创办，经数据库检索 2021 年已有超过 20 件公开专利，故开始纳入深圳高校统计范围。

2.10.3　深圳市各高校发明专利审结情况及授权率

表 2-10-1 显示出了深圳市各高校 2021 年的中国发明专利审结情况。

表 2-10-1　深圳市各高校 2021 年中国发明专利审结情况

单位：件

高校	授权量	驳回量	撤回量	授权率
深圳大学	709	275	41	69.2%
南方科技大学	215	64	7	75.2%
哈尔滨工业大学（深圳）	253	100	6	70.5%
清华大学深圳国际研究生院	215	86	17	67.6%
深圳技术大学	38	16	5	64.4%
深圳职业技术学院	94	46	22	58.0%
北京大学深圳研究生院	110	29	14	71.9%
深圳信息职业技术学院	50	18	7	66.7%
香港中文大学（深圳）	33	4	0	89.2%

2.10.4　深圳市各高校专利转让及许可情况

深圳市各高校 2021 年的专利转让及许可①情况如图 2-10-5 所示，其中深圳大学有 109 件专利发生转让，南方科技大学转让及许可的专利数量分别为 57 件和 87 件。

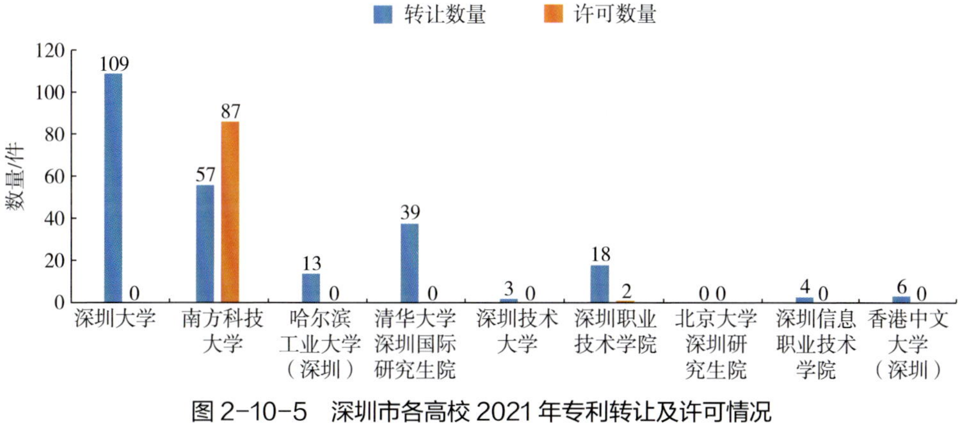

图 2-10-5　深圳市各高校 2021 年专利转让及许可情况

① 专利转让数据仅给出中国专利和美国专利的转让数据，许可数据仅给出中国专利的许可数据。

2.10.5 深圳市各高校授权专利维持有效情况

图 2-10-6 显示出了截至 2021 年 12 月 31 日，深圳市各高校已授权的中国专利维持有效情况。

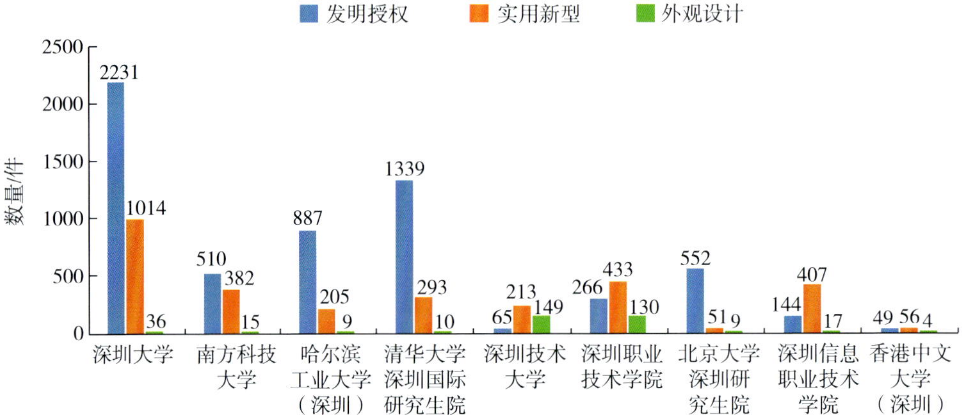

图 2-10-6　深圳市各高校已授权的中国专利维持有效情况（截至 2021 年 12 月 31 日）

2.11 中国高校专利情况分析（2021 年 1—12 月）

2.11.1 中国（包括港澳台）高校公开专利总体概况

2021 年，中国（包括港澳台）高校的中国专利公开量为 544 777 件，其中发明专利、实用新型专利、外观设计专利分别为 366 219 件、158 944 件和 19 614 件。发明专利包括发明申请专利 233 462 件，发明授权专利 132 757 件（表 2-11-1）。

表 2-11-1　中国（包括港澳台）高校 2021 年公开专利总体概况

单位：件

发明		实用新型	外观设计
发明申请	发明授权		
233 462	132 757	158 944	19 614
366 219			

2.11.2 中国（包括港澳台）高校发明专利审结情况及授权率

2021 年，中国（包括港澳台）高校的发明专利授权率为 61%（图 2-11-1）。

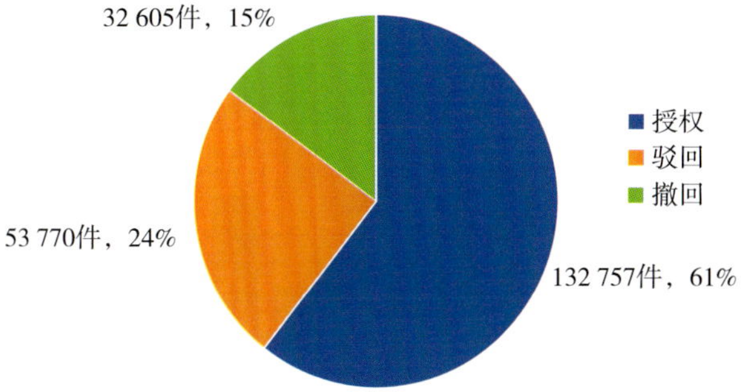

图 2-11-1 中国（包括港澳台）高校 2021 年中国发明专利审结情况

2.11.3 北上广深各城市高校专利公开数据

图 2-11-2 显示出了 2021 年北上广深各城市高校的中国专利、中国港澳台专利、国外专利及 PCT 申请的公开量数据。

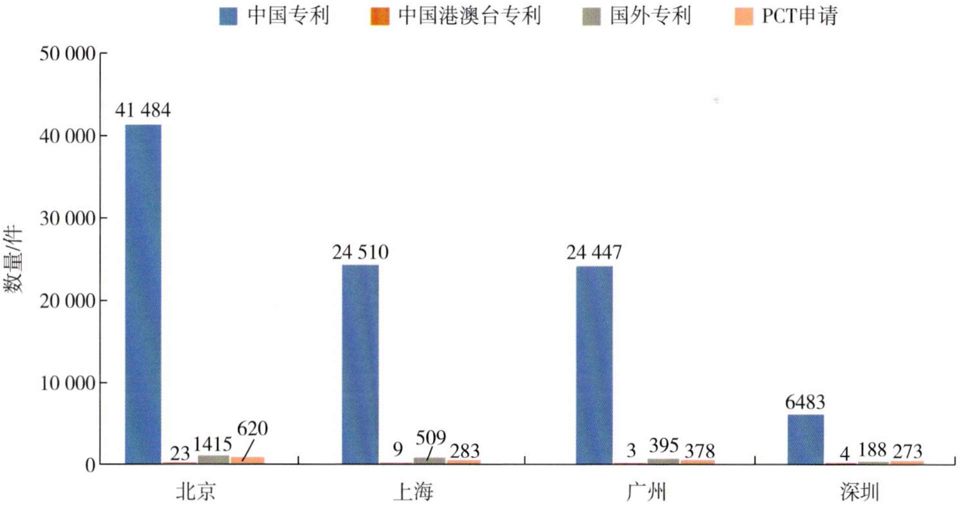

图 2-11-2 北上广深各城市高校 2021 年全球专利数据

图 2-11-3 显示出了 2021 年北上广深各城市高校中国专利数据。

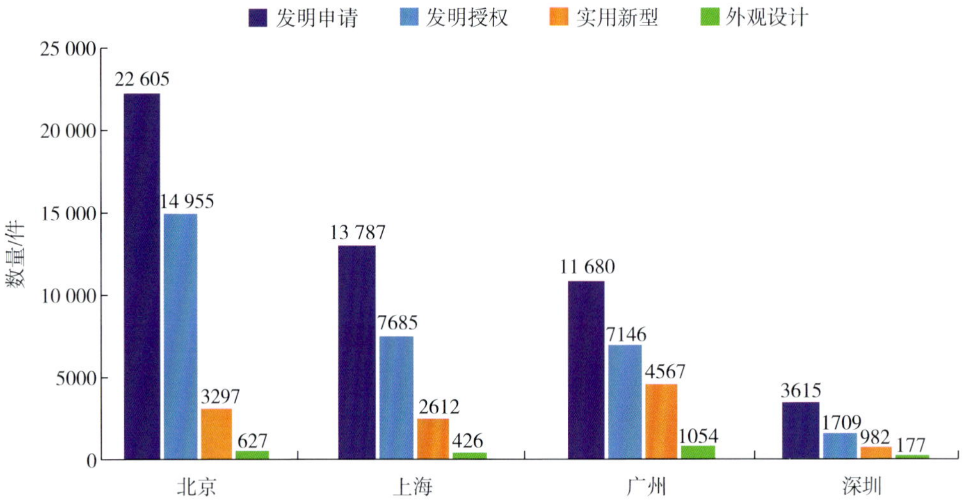

图 2-11-3　北上广深各城市高校 2021 年中国专利数据

2.11.4　北上广深各城市高校的校均专利情况

图 2-11-4 显示出了北上广深各城市高校 2021 年中国专利、国外专利及 PCT 申请的校均公开专利数据。

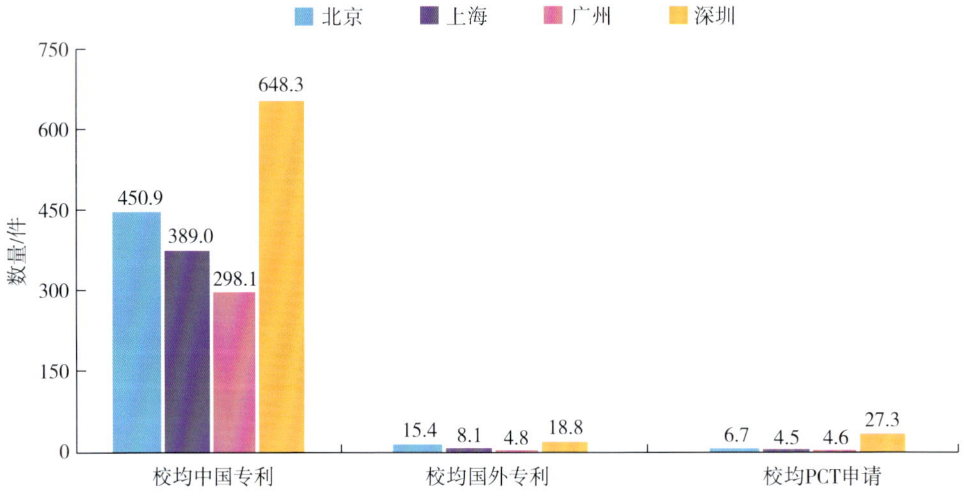

图 2-11-4　北上广深各城市高校 2021 年校均公开专利数据

图 2-11-5 显示出了北上广深各城市高校 2021 年中国专利校均数据。

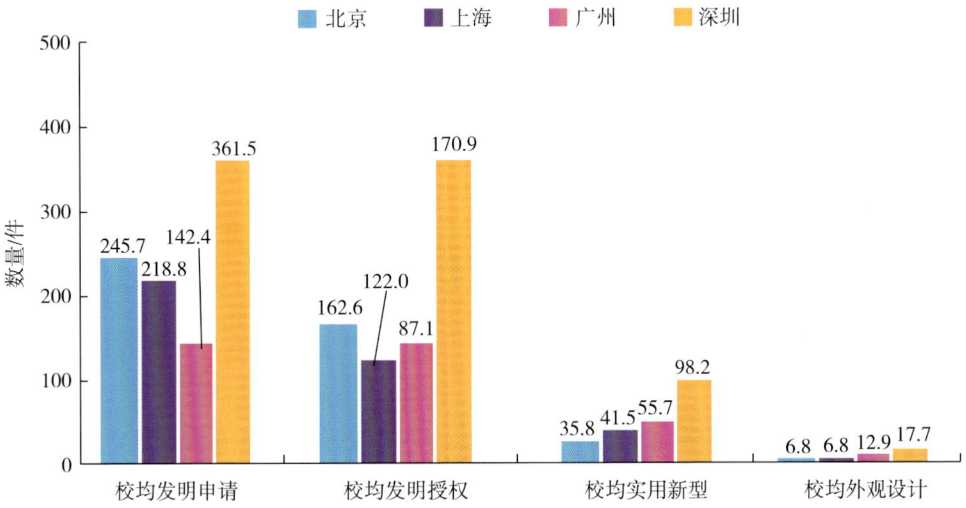

图 2-11-5　北上广深各城市高校 2021 年中国专利校均数据

2.11.5　北上广深各城市高校 2021 年中国发明专利审结情况

表 2-11-2 显示出了北上广深各城市高校 2021 年的中国发明专利审结情况，可以看出，北上广深高校的中国发明专利授权率均高于全国平均水平（61%）。

表 2-11-2　北上广深各城市高校 2021 年中国发明专利审结情况

单位：件

城市	授权量	驳回量	撤回量	授权率
北京	14 955	4756	2125	68.49%
上海	7685	3150	1411	62.76%
广州	7146	3018	91	69.68%
深圳	1709	634	119	69.42%

2.12　粤港澳大湾区高校专利情况分析（2021 年 1—12 月）

2.12.1　粤港澳大湾区高校公开专利总体概况

2021 年，粤港澳大湾区高校专利公开量共计 38 785 件，包括中国专利 36 591 件，中国港澳台专利 107 件，国外专利 1209 件，PCT 申请 878 件（图 2-12-1）。

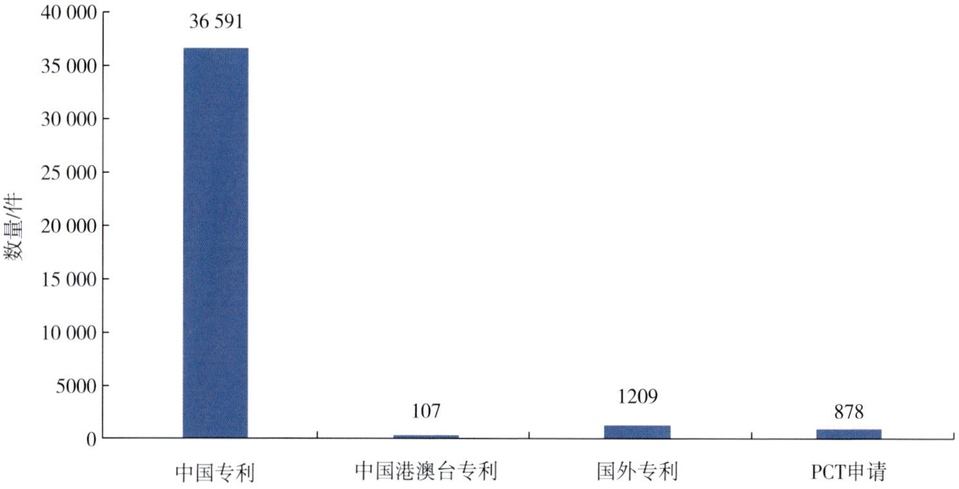

图 2-12-1　粤港澳大湾区高校 2021 年专利公开量数据

粤港澳大湾区高校 2021 年中国专利包括发明专利 27 614 件，其中发明授权专利 10 021 件，实用新型专利 7276 件，外观设计专利 1701 件（图 2-12-2）。

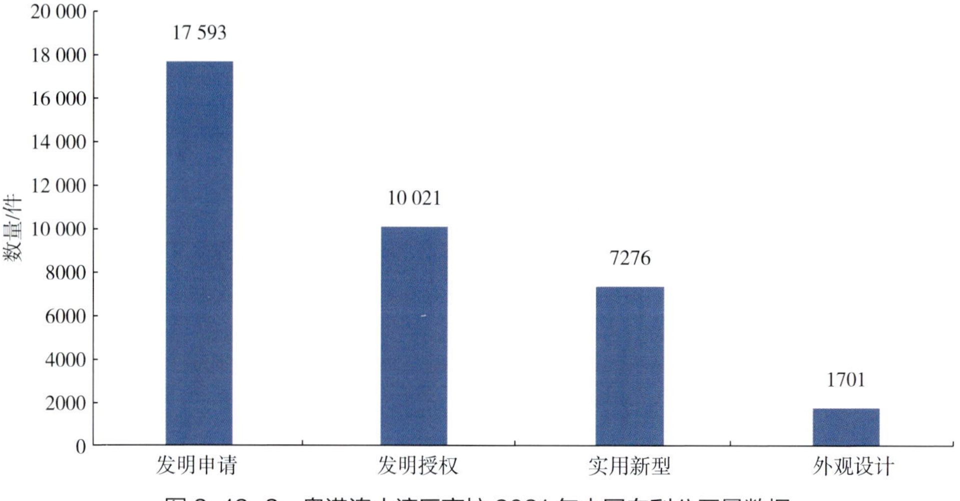

图 2-12-2　粤港澳大湾区高校 2021 年中国专利公开量数据

2.12.2　粤港澳大湾区各城市高校的公开专利情况

图 2-12-3 显示出了 2021 年粤港澳大湾区各城市高校的中国专利、中国港澳台专利、国外专利及 PCT 申请的公开量数据。

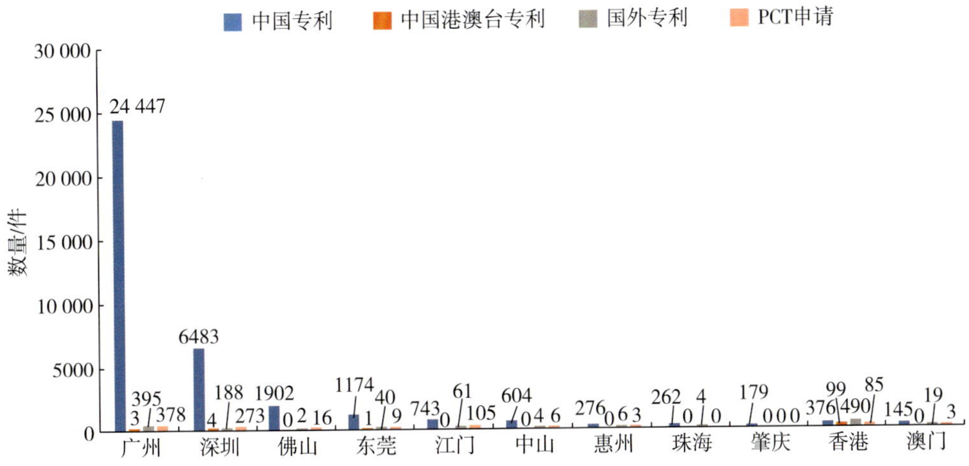

图 2-12-3　粤港澳大湾区各城市高校 2021 年全球专利公开数据

图 2-12-4 显示出了 2021 年粤港澳大湾区各城市高校的中国专利公开数据。

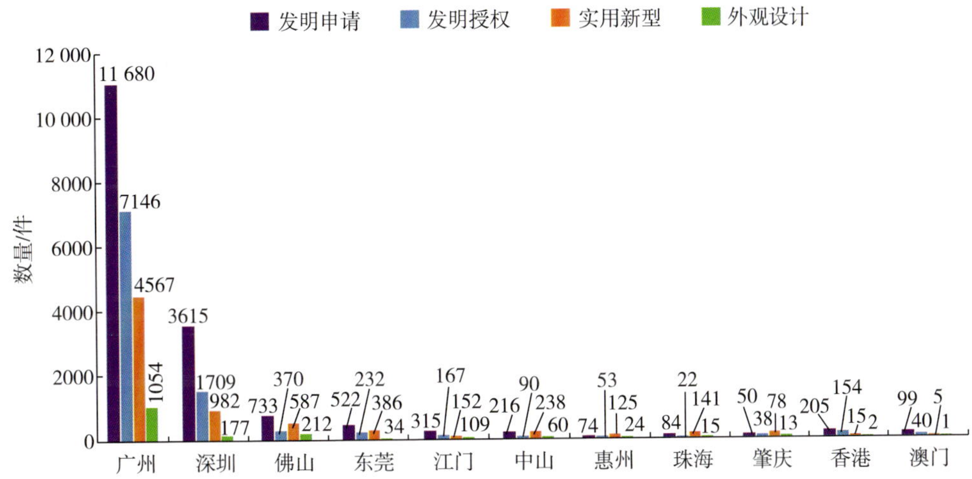

图 2-12-4　粤港澳大湾区各城市高校 2021 年中国专利公开数据

2.12.3　粤港澳大湾区各城市高校专利转让及许可情况

粤港澳大湾区各城市高校 2021 年的专利转让及许可[①]数量如图 2-12-5 所示，

① 专利转让数据仅给出中国专利和美国专利的转让数据，许可数据仅给出中国专利的许可数据。

其中广州、深圳、佛山、东莞、中山和香港高校的专利转让及许可数量相对较多，但均以专利转让为主。

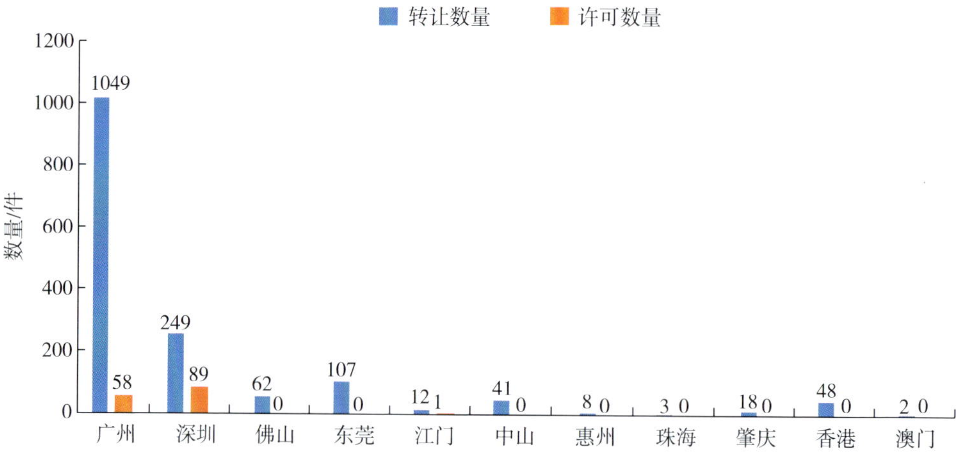

图 2-12-5　粤港澳大湾区各城市高校 2021 年专利转让及许可数量

2.12.4　粤港澳大湾区各城市校均公开专利情况

对粤港澳大湾区各城市高校的专利数量按各城市高校数量取平均值，以对各城市高校 2021 年 1—2 月的专利产出情况进行比较（表 2-12-1）。

表 2-12-1　粤港澳大湾区 2021 年各城市高校数量

单位：所

城市	广州	深圳	佛山	东莞	江门	中山	惠州	珠海	肇庆	香港	澳门
高校数量	82	10	6	7	5	3	5	6	5	7	4

注：针对粤港澳大湾区各城市的校均公开专利情况进行分析，其中深圳市高校包括部分高校在深圳市设立的分校或研究生院，因此深圳市高校数量为在数据库中实际检索到的高校数量；香港和澳门的高校未在教育部高校名录中列出，只给出实际检索的数据；其他城市的高校数量为教育部 2020 年度全国普通高等学校名单所录高校数量。

图 2-12-6 显示出了粤港澳大湾区各城市高校 2021 年中国专利的校均数据。

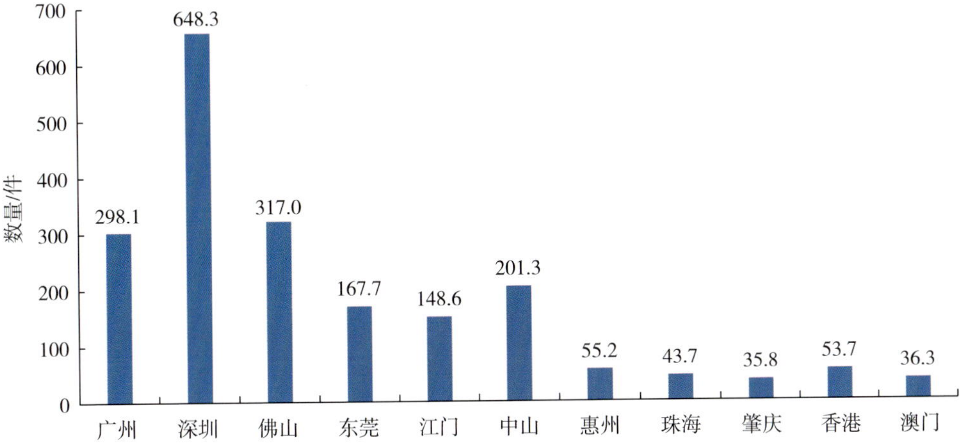

图 2-12-6 粤港澳大湾区各城市高校 2021 年中国专利校均数据

图 2-12-7 显示出了粤港澳大湾区各城市高校 2021 年国外专利、PCT 申请的校均数据。

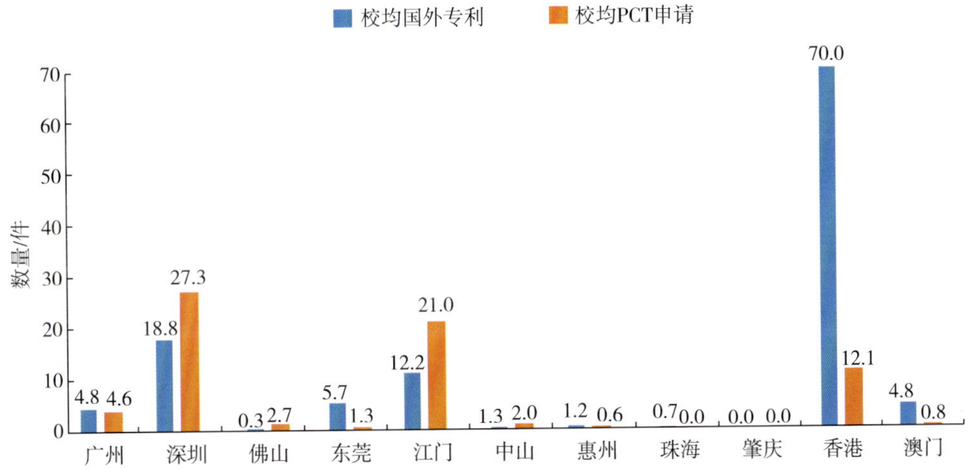

图 2-12-7 粤港澳大湾区各城市高校 2021 年国际专利校均数据

图 2-12-8 显示出了粤港澳大湾区各城市高校 2021 年中国专利校均数据。

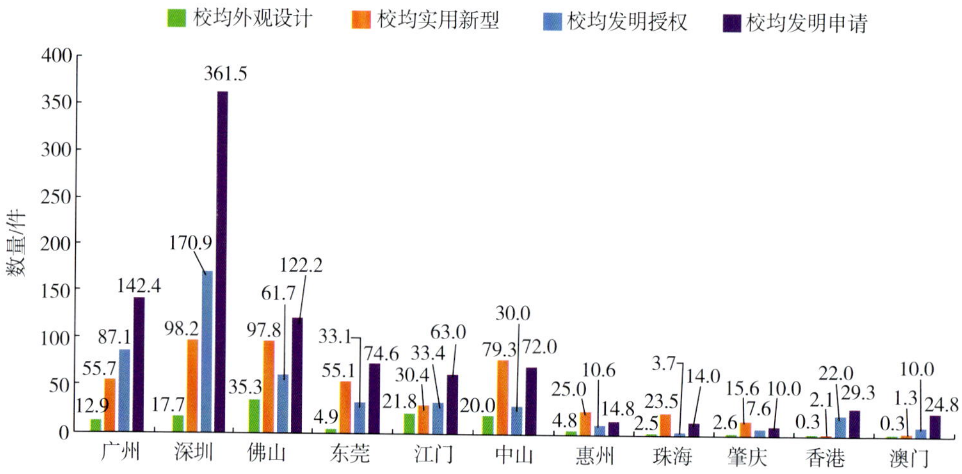

图 2-12-8　粤港澳大湾区各城市高校 2021 年中国专利校均数据

2.12.5　粤港澳大湾区各城市高校 2021 年中国发明专利审结情况

表 2-12-2 显示出了粤港澳大湾区各城市高校 2021 年中国发明专利的审结情况。

表 2-12-2　粤港澳大湾区各城市高校 2021 年中国发明专利审结情况

单位：件

城市	授权量	驳回量	撤回量	授权率
广州	7146	3018	91	69.68%
深圳	1709	634	119	69.42%
佛山	370	581	151	33.58%
东莞	232	208	144	39.73%
江门	167	97	77	48.97%
中山	90	53	25	53.57%
惠州	53	39	33	42.40%
珠海	22	24	5	43.14%
肇庆	38	25	5	55.88%
香港	154	23	21	77.78%
澳门	40	4	1	88.89%

结 语

本书作者团队是深圳大学知识产权信息服务中心（图书馆）和深圳大学技术转化中心的老师。深圳大学知识产权信息服务中心于 2018 年成立，归深圳大学图书馆管理，以高校师生、地方政府、企业、科研机构、湾区新兴产业等为服务对象，重点围绕专利分析报告、高价值专利培育、专利大数据平台建设、粤港澳大湾区服务、知识产权信息素养教育 5 个方面开展知识产权信息服务工作，2020 年获得国家知识产权局和教育部联合授予的“高校国家知识产权信息服务中心”称号，为深圳市首家和目前唯一一家高校国家知识产权信息服务中心。深圳大学技术转化中心于 2011 年 11 月成立，负责深圳大学知识产权管理与运营、高价值科技成果培育、转移转化、创业孵化及产学研活动的组织等工作，2014 年 2 月，深圳大学技术转化中心被科技部评为“国家技术转移示范机构”。

本书对高校的专利申请 / 公开量、专利转化数据、专利技术构成等进行了分析。通过对专利申请 / 公开量进行分析，可以了解我国高校科技创新的整体水平；通过对专利转化数据进行分析，可以分析出我国高校将科技成果转化为经济效益的能力；通过对专利技术构成进行分析，可以更好地展示高校关注的科技创新领域和技术演化布局。通过不同城市高校之间的比较分析，可以看出不同城市高校之间科技创新活动及专利布局的差别。通过四大国际湾区高校之间的比较，可以看出粤港澳大湾区高校相比于其他国际湾区高校存在的问题和不足。

本书的内容主要源于 2021 年度《高校专利分析白皮书——基于深圳市高校专利分析视角》（以下简称《白皮书》）及 2021 年的《深圳市高校知识产权资讯简报》。《白皮书》作为深圳大学知识产权信息服务中心（图书馆）推出的高校专利数据分析报告，旨在全方位、多视角地分析高校的专利，每年定期发布。《深圳市高校知识产权资讯简报》主要定期报道深圳市、中国主要城市、粤港澳大湾区各城市高校的专利公开情况。

在后续的发布当中，我们将进一步从定性和定量的角度对分析指标进行改进，同时思考如何从海量专利数据中筛选出高价值、高质量的专利，如何从公开的专利文献信息中挖掘热点领域和前沿科技领域，以期为高校科技成果转化和前沿科技发展提供参考。从国家政策层面来看，国家及相关部委出台一系列政策来鼓励高校科技成果转移转化，鼓励专利成果的开放许可，高校本身对于科技成果转化也日渐重视，我们以后将进一步关注有产业化和转移转化潜力的专利，侧重研究专利的转让许可等情况。

我们在分析过程中，注意到教育部公开的高校名录中会有新建、合并、取消建制的情形，我们每年也会根据最新的高校名录对高校名单进行梳理和更新。此外，数据库检索分析本身存在一定的局限性，如一些高校的不同下属机构作为申请人并没有实现标准化，使用中文名称无法检索到国外专利及 PCT 申请等，我们也进行了相应处理，尽量保持数据的准确性。不过，在专利数据的检索分析当中，难免有一定的疏漏，欢迎读者对内容进行批评指正。

参考文献

[1] 金银雪，陈大庆，林伟明，等 . 高校知识产权大数据平台建设实践研究 [J]. 中国高校科技，2020（S1）：61–63.

[2] 李朝阳，庞弘燊 . 广东省专利信息服务体系调查和思考 [J]. 科技促进发展，2021，17（7）：1332–1340.

[3] 宋丹辉，庞弘燊 . 高校图书馆专利信息服务体系构建与实践探索 [J]. 数字图书馆论坛，2021（3）：66–72.

[4] 覃筱楚，黄耀东，张伟，等 . 基于专利分析的广东省知识产权发展现状研究 [J]. 科技促进发展，2018，14（10）：966–976.

[5] 屈宏明 . 论特色馆藏文献资源的数字化建设 [J]. 现代情报，2004（12）：83–84，39.

[6] 姚卫浩，金江军 . 专利大数据及其发展对策 [J]. 中国高校科技，2014（6）：17–18.

[7] 刘秋宏 . 大数据对专利信息服务的影响与启示 [J]. 图书情报工作，2014，58（S2）：28–30.

[8] 魏静，魏延辉，张慧颖 . 大数据时代专利服务动态协同机制构建 [J]. 图书馆，2018（3）：83–88.

[9] 朱华顺 . 大数据下的图书馆专利信息服务思考 [J]. 东莞理工学院学报，2016，23（1）：10–14.

[10] 苏秋侠，杨祖逵 . 大数据环境下高校图书馆面向科研过程的专利服务研究 [J]. 图书馆学研究，2016（20）：81–86.

[11] 李程 . 构建以专利为核心的科技大数据平台以促进创新的设想 [J]. 中国新技术新产品，2016（13）：28–30.

[12] 赵龙文，邹莹莹 . 大数据趋势下的专利服务体系创新 [J]. 现代情报，2019，39（7）：102–108.

[13] 鲍志彦，赵乃瑄.大数据视阈下的高校专利信息服务模式构建与应用研究[J]. 情报理论与实践，2020，43（3）：111–115.

[14] 彭茂祥，李浩.基于大数据视角的专利分析方法与模式研究[J].情报理论与实践，2016，39（7）：108–113.

[15] 刘辉锋，杨起全.基于论文与专利指标评价当前我国的科技产出[J].科技管理研究，2008（8）：48–50.

[16] 李鑫，薛有志，王顺昊.企业创新行为的测量指标及优缺点分析：基于经典文献的回溯[J].未来与发展，2020，44（6）：63–69.